Amazon Echo Show 2019

Das umfangreiche Handbuch für Alexa und Echo Show 2.Gen. (Version 2019)

Paul Petersen

Inhaltsverzeichnis

Vorwort

Liebe Leserin,

lieber Leser,

vielen Dank, dass Sie sich für dieses Handbuch entschieden haben. Was hat Sie dazu bewogen? Vielleicht denken Sie über den Kauf eines Amazon Echo-Gerätes nach oder haben bereits eines in Ihrem Besitz. Zwar handelt es sich dabei um ein weitgehend selbsterklärendes, intuitiv bedienbares Gerät. Dennoch ist es absolut verständlich, wenn Sie mit diesem Neuerwerb erst einmal warm werden müssen und sich über einige Dinge lieber zuerst über ein Handbuch informieren wollen, anstatt sie im Trial-and-Error-Prinzip einfach auszuprobieren.

Im Laufe der Zeit werden Sie aber feststellen, dass Amazon Echo-Geräte und die darin „beheimatete" digitale Sprachassistentin Alexa spielend einfach funktionieren und Ihr Leben deutlich erleichtern können. Was vor wenigen Jahren noch komplett nach Science-Fiction klang, ist Realität geworden: Fragen Sie Alexa nach dem Wetter, nach anstehenden Terminen, lassen Sie Alexa Ihre Lieblingsmusik abspielen oder recherchieren, wie lang der Supermarkt im Nachbarort heute geöffnet hat. Natürlich hatten Sie all diese Dinge bisher bereits im Griff. Höchst wahrscheinlich haben Sie aber mehrere einzelne Geräte dafür benötigt und mussten die einzelnen Aktionen erst eintippen oder sich durch ein langes Menü klicken. In vielen Fällen ist dies nun nicht mehr notwendig, da Sie mit Alexa einfach per Spracheingabe kommunizieren können – und sie Ihnen auch auf diesem Wege antwortet. Das ist nicht nur technisch faszinierend und zeitsparend. Die gesprochene

Kommunikation klappt auch, wenn man die Hände gerade nicht frei hat, um die Tastatur oder die Maus zu bedienen. Ob Sie am Basteln, am Bügeln oder am Backen sind, ob Sie Sport treiben, beim Essen sind oder einfach auf dem Sofa relaxen: Alexa ist stets auf Empfang und wartet nur darauf, eine ihrer zahllosen Aktionen ausführen zu dürfen. Schön ist, dass Sie dafür nicht viele Worte brauchen oder sich gar in lange Diskussionen mit Ihrer Sprachassistentin verstricken müssten.

Neben den bereits beschriebenen Fähigkeiten (die übrigens als „Skills" bezeichnet werden), kann Alexa übrigens auch dabei helfen, Ihre Haustechnik zu revolutionieren. Das bereits seit Jahren immer wieder angesprochene „Smart Home" ist in weiten Teilen bereits heute Wirklichkeit. So gibt es zum Beispiel Lichtschalter, schaltbare Steckdosen, fernsteuerbare Heizungsthermostate oder ebensolche Rollläden, die gemeinsam ein Netzwerk bilden und über Alexa gesteuert werden können. Noch vor wenigen Jahren haben Sie womöglich selbst regelrecht am Rad gedreht, wenn es um die exakte Regelung der Temperatur im Raum ging. Heute können Sie einfach per Sprachbefehl bitten: „Alexa, stelle die Temperatur auf 21 Grad."

Natürlich könnte man an dieser Stelle noch viele weitere Beispiele benennen, wie Alexa Sie in Ihrem Leben unterstützen kann – aber damit würden wir dem Inhalt des nun folgenden Handbuches vorgreifen. Am besten stöbern Sie einfach durch die nun folgenden Kapitel, um sich über die Funktionen von Amazon Echo, Amazon Echo Plus, Amazon Echo Dot und Amazon Echo Show sowie von Alexa zu informieren. Sie werden viele Zahlen, Daten und Fakten finden und sicher an mancher Stelle ins Schmunzeln kommen, denn die Macher von Alexa sind keineswegs humorlose Menschen. Sie können das Buch aber auch als Nachschlagewerk verwenden, um bei aufkommenden Fragen oder

Problemen Antworten oder Lösungen zu finden. Da versucht wurde, auf alle Eventualitäten einzugehen und auch die Erfahrungen bisheriger Nutzer von Amazon Echo-Geräten und Alexa mit einzubeziehen, handelt es sich um eines der umfangreichsten Werke seiner Art.

Nun also viel Spaß beim Lesen und Stöbern, beim Gewinnen neuer Erkenntnisse und vor allem: Viel Freude mit Alexa und Ihrem Amazon Echo-Gerät!

I. Amazon Echo: Was ist das eigentlich?

Amazon Echo gehört zu jenen Produkten, die erst durch das fortschreitende digitale Zeitalter möglich geworden sind. Ein digitaler Sprachassistent, wie Amazon Echo ihn verkörpert, wäre noch vor wenigen Jahren reinste Science Fiction gewesen. Heute ist Amazon Echo als Smart Speaker bei vielen Menschen angekommen, um ihnen den Alltag zu erleichtern und viele Aufgaben abzunehmen. Wenn Amazon Echo schlicht als Lautsprecher bezeichnet wird, so beschreibt man nur eine Funktion unter sehr vielen, wenngleich die Interaktion mit Amazon Echo tatsächlich über sprachliche Kommunikation funktioniert.

Amazon Echo stellt nicht nur einen Lautsprecher dar, sondern ist eine Schnittstelle für die sprachliche Kommunikation mit Geräten und zahllosen Datenbanken. Per Spracheingabe kann man Musik abrufen, seine Termine verwalten oder Heizung und Rollläden regulieren. Natürlich immer nur dann, wenn die jeweiligen Aufgaben mit dem System kompatibel sind.

Zwar hat Amazon Echo keinen eigenen Datenspeicher. Wenn man aber eine Frage stellt oder eine bestimmte Aktion per Spracheingabe fordert, weiß die digitale Assistentin Alexa sofort, wo sie suchen muss. Alexa ist die persönliche Assistentin, die einem die Termine verwaltet, das Wetter oder den Verkehrsbericht vorliest, Anrufe tätigt und durchstellt, sich um notwendige Einkäufe kümmert und auch garantiert den Hochzeitstag nicht vergisst. Natürlich den des

Nutzers, denn Alexa selbst ist unverheiratet, gönnt sich aber Millionen von Liebhabern.

Amazon Echo ist für Menschen mit Handicap eine großartige Unterstützung, richtet sich aber an alle, die mithilfe moderner Technologien ihren Alltag strukturieren und erleichtern wollen. In Deutschland wurde die erste Version von Amazon Echo im Herbst des Jahres 2016 auf den Markt gebracht und fand schnell eine große Fangemeinde. Spätestens mit der Einführung der zweiten Generation konnte Amazon Echo auch die letzten Skeptiker von seinen Vorzügen überzeugen. Wer den Amazon Echo jetzt noch nicht benutzt, der möchte seinen Alltag lieber bewusst auf klassische Weise meistern. Möglicherweise ist es aber auch die Angst vor der neuen Technik, die einen bisher noch nicht zugreifen ließ. Für diesen Fall soll das vorliegende Handbuch Abhilfe schaffen und auf sämtliche Details eingehen, die Amazon Echo und die digitale Assistentin Alexa betreffen.

a) Die Geschichte von Amazon Echo

Die Sprachsteuerung von Geräten wurde bereits in frühen Science Fiction Geschichten thematisiert. Für Captain Kirk und seine Crew ist es ganz selbstverständlich, viele Befehle nicht durch das Drücken von Knöpfchen, sondern per Spracheingabe zu geben. In der Realität war damals freilich noch lange nicht absehbar, ob und wann eine solche Technik zur Verfügung stehen könnte. Blickt man von heute auf die damalige Zeit, so wirkt diese vor allem in technischer Hinsicht regelrecht antiquiert. Zu den rasanten Fortschritten, die in technischer Hinsicht gemacht wurden, haben natürlich die Firmen der IT-Branche maßgeblich beigetragen. Die Grundlagen wurden durch IBM und Microsoft gelegt, später haben Apple, Facebook und Amazon ihre unterrepräsentierten oder noch gänzlich unbesetzten Nischen gefunden.

Obwohl Amazon als Online-Buchhandel gestartet ist und bis heute nicht zu den bekannten IT-Entwicklern zählt, hat man dort stets die Zeichen der Zeit erkannt. Erst hat Amazon sein Angebot diversifiziert und auf externe Vertragspartner ausgeweitet. Dann entwickelte man mit dem Amazon Kindle das branchenführende Gerät zum Lesen von Ebooks. Zuletzt gelang Amazon dann ein echter Coup mit der Vorstellung von Amazon Echo. Nachdem man viele Millionen Dollar und jahrelange Entwicklungsarbeit in das Projekt investiert hatte, konnten sich amerikanische Amazon-Kunden seit 2015 über eine vollkommen neuartige Möglichkeit der Interaktion mit der Technik freuen.

In Deutschland ist Amazon Echo mit seiner Stimme Alexa seit 2016 erhältlich, wobei mit Amazon Echo Dot und Amazon Echo Show mittlerweile weitere Gerätevarianten hinzugekommen sind. Die deutsche Alexa-Stimme gehört einer Profisprecherin, die exklusiv mit

Amazon zusammenarbeitet. Allerdings legen beide Seiten großen Wert darauf, dass die Identität der betreffenden Dame geheim bleibt. Wie Amazon auf den Namen Alexa kam, ist jedoch kein Geheimnis: Er ist eine Hommage an die berühmte Bibliothek von Alexandria, die wohl weite Teile des gesammelten Wissens der antiken Welt in sich barg.

Viele derzeitige Kooperationspartner von Amazon schienen nur darauf zu warten, dass ein Produkt wie Amazon Echo auf den Markt kommt. Zu diesen Partnern zählen große Namen wie BMW, die Deutsche Bahn, Spiegel Online oder der Heizungshersteller Homematic. Laufend kommen neue Kooperationspartner hinzu, die (oder deren Produkte) mit Amazon Echo kompatibel sind. So ist der Weg zum Smart Home ein schleichender, aber kontinuierlicher Prozess – und Amazon Echo ist dessen Zentrale. Eine Zentrale übrigens, die auch während der noch laufenden „Ausbauarbeiten" reibungslos funktioniert.

b) Was ist Amazon Echo Plus?

Der mittlerweile in zweiter Generation aufgelegte Amazon Echo Plus ist im Prinzip die Deluxe-Variante des normalen Amazon Echo. Die Vorteile, die den deutlich höheren Kaufpreis auch nach Meinung vieler Nutzer und Fachleute durchaus rechtfertigen, lassen sich im Prinzip auf vier Aspekte herunterbrechen.

So ist der Amazon Echo Plus optisch besser gelungen als der Amazon Echo. Man erkennt sofort, dass hier versierte Designer am Werk waren.

Auch hinsichtlich seiner Klangqualität überragt der Amazon Echo Plus seinen „normalen" Bruder deutlich. Verantwortlich dafür ist ein 63,5 Millimeter großer Neodymium-Woofer.

Bereits der erste Amazon Echo Plus eignete sich besonders gut für die Steuerung des Smart Home. Hier ist der Funkstandard „ZigBee" auf dem Vormarsch und Amazon Echo Plus bietet als einziges Gerät der Produktreihe eine entsprechende Schnittstelle.

In der neuen Generation hat Amazon dem Echo Plus zusätzlich noch einen Temperatursensor spendiert, der ebenfalls im Smarthome (natürlich insbesondere in der Heizungssteuerung) von Bedeutung ist.

Insgesamt zeigt sich der Amazon Echo Plus als tolle und intuitiv bedienbare Zentrale des Smart Home.

c) Was ist Amazon Echo Dot?

Auch der Amazon Echo Dot ist ein Smart Speaker, allerdings in einer äußerlich abgespeckten Version. Er ist also deutlich kleiner als der gewöhnliche Amazon Echo und dementsprechend weniger leistungsstark, was seine klanglichen Eigenschaften betrifft. Im alltäglichen Gebrauch muss dies aber kein Manko darstellen, da sich der Amazon Echo Dot via Bluetooth mit anderen Bluetooth-Lautsprechern verbinden kann. Auch über den Amazon Echo Dot ist also ungetrübter Musikgenuss möglich. Trotzdem lässt sich mit dem Erwerb des Amazon Echo Dots im Vergleich zu dessen „großem Bruder“ bares Geld sparen.

d) Was ist Amazon Echo Show?

Mit Amazon Echo Show wendet sich die Echo-Reihe vom reinen Lautsprecher ab und verpasst einem solchen nun ein hochauflösendes Display mit Touch-Funktion. Dieses Display kann beispielsweise als digitaler Bilderrahmen, zum Abspielen von Videos oder für die Anzeige von Songtexten passend zur laufenden Musik genutzt werden. Außerdem wird die Sprachassistentin Alexa hier durch das Touchscreen unterstützt – und manchmal ist eine lautlose Bedienung ja durchaus von Vorteil. Ausgelegt ist Amazon Echo Show darüber hinaus auf das Führen von Videotelefonaten. Interessant ist, dass Sprachnachrichten nicht nur als Tonspur aufgenommen werden, sondern auch eine Übertragung in schriftliche Textform erfolgt. Dies kann zum Beispiel für Hörgeschädigte Menschen von Interesse sein. Außerdem lassen sich in Textform dargestellte Aufnahmen, sofern diese in einer Fremdsprache erfolgten, mit einfacheren technischen Mitteln übersetzen.

e) Wer ist Alexa?

Wem Alexas deutsche Stimme gehört, ist das Geheimnis von Amazon und der betreffenden Sprecherin. Rein technisch könnte man Alexa als eine Assistenzsoftware bezeichnen, die auf verschiedenen Geräten eingesetzt werden kann. Neben Amazon Echo, Amazon Echo Dot und Amazon Echo Show kann dies auch der heimische PC sein. Amazon stellt die Software, die bestimmte technische Voraussetzungen erfordert, kostenlos zur Verfügung. Alexa ist per Zuruf eines bestimmten Wortes sofort ansprechbar. Voreingestellt sind hier die Begriffe „Alexa", „Echo" sowie „Computer". Generell ist es aber auch jederzeit möglich, das Aktivierungswort zu ändern und Alexa damit einen anderen Namen zu geben. Es bleibt also jedem Nutzer selbst überlassen, ob er lieber mit „Alexa", „Susi" oder „Regentonne" kommunizieren will. Die Funktionen jedenfalls bleiben natürlich unverändert. Alexa spielt Musik ab, verwaltet Termine, tätigt Anrufe oder beantwortet beliebige Fragen. Zwar hat Alexa kein eigenes Gehirn, greift aber über die Internetverbindung auf das gesamte dort gespeicherte Wissen zurück. Fragen wie „Alexa, gibt es einen Stau auf der A44?" oder „Alexa, wann wurde Goethe geboren?" sind für sie also ein Leichtes. Gerne beantwortet sie auch Fußballergebnisse oder nennt Informationen zum aktuell laufenden Musiktitel.

Da Alexa ihre jeweiligen Nutzer nicht unterscheidet, lässt sie sich prinzipiell von jedem bedienen. Voraussetzung ist natürlich, dass der Bediener in klaren, gut verständlichen Sätzen spricht. Freundlicherweise fragt Alexa aber noch einmal nach, wenn sie die aktuelle Aufgabe nicht verstanden hat.

Weitere Informationen zu Alexa und den zahllosen Möglichkeiten folgen in späteren Kapiteln dieses Handbuchs.

f) Alexa und Amazon Fire TV

Ein besonders angenehmes Kriterium bei den Amazon Geräten ist, dass hier eine regelrechte Produktfamilie aufgebaut wurde. So ist Alexa zum Beispiel nicht nur im Amazon Echo, Amazon Echo Dot oder Amazon Echo Show zu Hause, sondern auch im Amazon Fire TV sowie im Fire TV Stick. Diese cleveren Geräte eignen sich also bei weitem nicht nur dafür, Musik und Filme aus dem Internet zu streamen, sondern bieten darüber hinaus noch viele weitere Funktionen. Ein großer Teil davon kann über die digitale Assistentin Alexa genutzt werden. Als „Haken" muss hier aber genannt werden, dass für die Interaktion mit Alexa die entsprechende Taste auf der Fernbedienung des Amazon Fire TV beziehungsweise Fire TV Sticks gedrückt werden muss.

II. Neue Echo-Funktionen

Die neuen Echo-Funktionen können teilweise auch als neue Alexa-Funktionen bezeichnet werden. Aufgrund der beschriebenen Verquickung der Amazon-Geräte kann hier nicht immer ein klarer Trennstrich gezogen werden. Fakt ist, dass Amazon all seine Geräte, die mit der digitalen Assistentin Alexa ausgestattet sind, kontinuierlich weiterentwickelt. So wird auch das Duo Echo / Alexa immer ausgeklügelter und hilfreicher. Leider sind die sich abzeichnenden Weiterentwicklungen stets zuerst den amerikanischen Nutzern vorbehalten. Es ist aber nur eine Frage der Zeit, bis die Neuerungen auch im deutschsprachigen Raum ankommen. Zu erwähnen sind vor allem die folgenden Entwicklungsschritte.

a) Flüstermodus

Nicht immer ist es opportun, besonders laut zu sprechen. Zum Beispiel könnten sich andere Menschen im Raum gestört fühlen oder man könnte nachts andere Leute in der Wohnung aufwecken. Kinder wissen auch, dass man sich am späten Abend am besten flüsternd unter der Bettdecke unterhält, damit Mama nicht aufmerksam wird. Auffällig ist dabei: wenn einmal jemand mit dem Flüstern beginnt, kommt die Antwort von der angesprochenen Person ebenfalls flüsternd. Die Amazon-Techniker haben sich also aus guten Gründen gefragt, warum Alexa dies nicht auch können soll. Künftig wird Alexa, sofern sie flüsternd angesprochen wird, ebenfalls flüsternd antworten.

b) Guard Feature

Rauchmelder sind hierzulande in jeder Wohnung Pflicht und haben nachweislich schon so manches Leben gerettet, indem sie entstehenden Rauch „riechen“ und umgehend Alarm schlagen. Wahrscheinlich waren die Rauchmelder auch die Inspiration für Amazon, als es um die Weiterentwicklung von Amazon Echo ging. Im „Guard Modus“ spitzt der Amazon Echo also künftig die Ohren, um seinen Nutzer auf diese Weise zu schützen. Vernimmt der Amazon Echo also beispielsweise den Klang von zerbrechendem Glas, vermeldet er dies sofort.

c) Das Erkennen von persönlichen Vorlieben und Eigenheiten

Anfangs konnte der Amazon Echo zwar auf den ganzen Wissensschatz des Internets zugreifen, sich aber nicht auf den jeweiligen Nutzer einstellen. Bei Amazon wird aber mit Hochdruck daran gearbeitet, Amazon Echo auch in dieser Hinsicht lernfähig zu machen. So soll er künftig die Vorlieben, Angewohnheiten und Routinen des Nutzers immer besser erkennen und sich auch darauf einstellen. Ein gutes Beispiel dafür ist die Erinnerung an bestehende Termine oder Aktionen: Wurde die Mülltonne schon an die Straße gestellt? Hat der Nutzer seine Tabletten genommen?

d) Offline-Bereitschaft

Auch in Zukunft ist eine stabile Internetverbindung das A und O bei der Nutzung von Amazon Echo. Bei einigen Funktionen, etwa in Bezug auf das Smart Home, kann Amazon Echo aber auch auf diese Verbindung verzichten und die Geräte trotzdem ansteuern. Ähnliches gilt für standortbasierte Routinen. Dies erweist sich natürlich vor allem dann als vorteilhaft, wenn die Internetverbindung temporär ausfällt.

e) Alexa als persönliche E-Mail-Assistentin

Genau wie im Verhältnis zu einer Sekretärin aus Fleisch und Blut braucht es auch bei Alexa ein hohes Maß an grundvertrauen, um ihr Zugriff auf die persönliche E-Mail-Korrespondenz zu gewähren. Amazon verspricht aber, dass der Datenschutz stets höchste Priorität hat – und Alexa selbst kann mit den Inhalten der Mails noch weniger anfangen als eine „echte" Assistentin. Künftig kann man Amazon Echo beziehungsweise Alexa jedenfalls Zugriff auf eines oder mehrere E-Mail-Konten gewähren, um garantiert keine wichtigen Posteingänge zu versäumen.

Auch in Zukunft gilt im Zusammenhang mit dem Amazon Echo beziehungsweise Alexa: Vieles kann, nichts muss. Als Nutzer kann man Alexa also auch weiterhin so modifizieren, wie es den eigenen Ansprüchen gerecht wird.

f) Weiteres Zubehör

In der Anfangszeit brachte Amazon lediglich den Echo in seinen verschiedenen Varianten auf den Markt und überließ die Herstellung von kompatiblen Produkten anderen Herstellern. Dies schien auch auf der Hand zu liegen, denn wie in diesem Handbuch beschrieben ist Amazon Echo mit einer wachsenden Zahl verschiedenster Geräte aus ganz unterschiedlichen Bereichen zu koppeln. Mittlerweile hat Amazon aber auch Chancen erkannt, die in der Entwicklung und dem Verkauf eigener Echo-kompatibler Geräte liegt. Wahrscheinlich wird Amazon also im Laufe der nächsten Jahre eine komplette Produktfamilie rund um die Echo-Geräte scharen. Bereits jetzt erhältlich sind die folgenden Produkte.

g) Amazon Echo Connect

Das heimische Festnetztelefon gilt in Zeiten des Smartphones und moderner Sprachassistenten wie Alexa als nahezu antiquiert. Allerdings kann man nach wie vor kaum auf die Nutzung des klassischen Fernsprechers verzichten – zumal dieser bei den meisten Anbietern ja quasi als Draufgabe zum Internet- und TV-Kabelnetz angeboten wird. Die Zeiten, in denen der Telefonanschluss selbst im Mittelpunkt stand, sind jedenfalls fast überall vorbei. Und dank Amazon Echo Connect braucht man auch tatsächlich kein Festnetztelefon mehr, wie es jahrzehntelang das Bild in den meisten Häusern und Wohnungen prägte. Denn Amazon Echo Connect verbindet den Telefonanschluss mit den Amazon Echo-Geräten, macht diese also quasi telefontauglich. Natürlich können so auch Telefonate mit der Uroma geführt werden, die selbst noch ihr brokatüberzogenes Wählscheibentelefon benutzt.

Was ist Amazon Echo Connect?

Genau an der Stelle, wo bisher das Festnetztelefon (sei es nun kabellos oder schnurgebunden) aufgestellt wurde, kann alternativ Amazon Echo Connect genutzt werden. Angeschlossen wird die Box auf ähnliche Weise wie das Telefon, sie muss also mit dem Telefonanschluss und einer Steckdose verbunden sein. Mithilfe der Alexa-App können bei der erstmaligen Installation alle gespeicherten Kontakte synchronisiert werden. Anschließend kann Amazon Echo Connect wie das bisherige Telefon genutzt werden. Übrigens beherrscht Amazon Echo Connect sowohl den Verbindungsaufbau über die klassische Telefonleitung als auch über VoIP.

Kompatibel ist Amazon Echo Connect mit folgenden Amazon Echo-Geräten:

- Echo Plus (2. Generation)
- Echo Dot (3. Generation)
- Echo Dot (2. Generation)
- Echo (2. Generation)
- Echo Spot
- Echo Show (2. Generation)

Alle hier gelisteten Amazon Echo-Geräte können also zur Freisprechanlage werden.

Alexa wird zur Telefonistin

Dieses Handbuch beschreibt bereits die zahlreichen Möglichkeiten, bei denen Alexa ihrem Nutzer zur Seite stehen kann. Aufmerksame Leser haben aber vielleicht zwischendurch gedacht: „Nur telefonieren kann sie noch nicht." Falsch, denn das kann sie doch. Jedenfalls dann, wenn man Amazon Echo Connect verwendet.

Denn wenn das System einmal installiert ist, wird das Telefonieren noch einfacher:

„Alexa, Gespräch annehmen."

„Alexa, rufe bei Mama an."

„Alexa, wähle 0815 4711."

Vorteile von Amazon Echo Connect

Amazon Echo Connect vereint viele Vorteile, die klar auf der Hand liegen. So ist das freihändige Telefonieren noch einfacher möglich als bisher. Gespräche können also auch geführt werden, während man gerade die Hände im Kuchenteig hat. Auch ist es nicht mehr notwendig, bei ankommenden Gesprächen vom Sofa aufzustehen und das Telefon zu suchen. Das ist sehr bequem, kann vor allem für Senioren oder gehandicapte Menschen aber unter Umständen sogar lebensrettend sein. Wer sich zum Beispiel nach einem Sturz nicht mehr aufrichten kann, kann Alexa mündlich anweisen, telefonisch Hilfe zu rufen.

„Alexa, rufe Sandra an."

„Alexa, rufe bei Dr. Steinfeld an."

„Alexa, wähle 112."

Ein bisheriger Knackpunkt ist leider, dass Amazon Echo Connect keine DTMF-Tastenunterstützung besitzt, wie sie zum Beispiel bei Vermittlungsdiensten erforderlich sein kann. („[...]wählen Sie die 3.") Allerdings werden derartige Gespräche in der Regel nicht sonderlich oft geführt, daher kann man im Bedarfsfall auch zum Smartphone greifen.

h) Amazon Echo Sub

Ein oft genannter Nachteil von kompakten Bluetooth-Lautsprechern ist die Tatsache, dass sie über keine optimale Klangqualität verfügen. Zwar ist der Klang deutlich besser als jener, der etwa von quäkenden Smartphone-Lautsprechern erzeugt wird. Mit dem Surround-Sound aus dem Wohnzimmer oder dem Oberklasse-Pkw können sie aber trotzdem nicht mithalten. Insbesondere der Bass hinkt hier weit hinterher. Eine Tatsache, die auch den Entwicklern von Amazon bewusst war, deshalb haben sie den Amazon Echo Sub entwickelt.

Was ist der Amazon Echo Sub?

Der Amazon Echo Sub ist ein Tieftonlautsprecher (also ein Subwoofer), der extra für die Nutzung mit einem kompatiblen Amazon Echo Gerät konzipiert wurde. Der Downfire-Subwoofer bietet 100 Watt Leistung, die aus 15-Zentimeter-Tieftönern einen satten Bass herausholen. In seinem formschönen Design passt der Amazon Echo Sub perfekt zur Optik anderer Amazon Echo-Geräte.

Wie aktiviert man Amazon Echo Sub?

Die Aktivierung von Amazon Echo Sub ist spielend einfach. Zuerst wird Amazon Echo Sub an das Stromnetz angeschlossen und eingeschaltet. Über die Alexa-App kann Amazon Echo Sub nun gefunden und in Betrieb genommen werden. Dieser Vorgang geschieht automatisch. Schon kann man sich von der Soundqualität des Subwoofers überzeugen:

„Alexa, spiele ‚We will rock you‘ von Queen.“

Technische Daten von Amazon Echo Sub

Abmessungen: 202x210 Zentimeter (Höhe x Durchmesser)

Gewicht: ca. 4,20 Kilogramm

(Die tatsächliche Größe und das Gewicht können abhängig vom Herstellungsprozess abweichen.)

Audio: Versiegelte Kammer (4 l) mit Downfire-Subwoofer (152 mm) und Klasse-D-Verstärker (100 W)

Niedriger Frequenzgang: 30 Hz (-6 dB)

Übergangsfrequenz: 50 Hz–200 Hz adaptiver Tiefpassfilter

Stromanschluss: Automatische Umschaltung 100–240 V, 50–60 Hz Universal-Wechselstromeingang

WLAN: Dualband-WLAN unterstützt Netzwerke mit den Standards 802.11a/b/g/n (2,4 und 5 GHz). Unterstützt keine Verbindungen zu ad-hoc- (oder Peer-to-Peer-) WLAN-Netzen.

Alexa App: Die Alexa App ist kompatibel mit Fire OS-, Android- und iOS-Geräten.

Barrierefreiheit: Die Alexa App und Alexa-fähige Produkte umfassen mehrere Funktionen zur Barrierefreiheit für Kunden mit eingeschränktem Seh-, Hör-, Bewegungs- oder Sprachvermögen.

(Zitierte Quelle für diese Angaben: Amazon)

i) Amazon Echo Buttons

Alexa kann noch mehr als Antworten zu geben, Termine zu verwalten, Musik abzuspielen oder Telefonate anzunehmen. Mit den Amazon Echo Buttons wird das heimische Wohnzimmer zur Bühne einer Gameshow. Denn diese Buttons ersetzen die „Buzzer“, die man vor allem aus dem Fernsehen kennt.

Was ist ein Amazon Echo Button?

Gerade hat man ich daran gewöhnt, dass Amazon Echo einen von der lästigen Bedienung per Hand befreit, jetzt gibt es doch noch Buttons für die Echo-Geräte? Tatsächlich gibt es Situationen, in denen die Hand schneller reagiert als der Mund. Dies gilt insbesondere für Quizshows und Reaktionsspiele. Die Amazon Echo Buttons sind also absolut sinnvoll, wenn man Freude an derlei Spielen hat. Optisch erinnern die Amazon Echo Buttons an den Amazon Echo Dot, allerdings würde man auf diesen wohl nicht ruckartige mit der flachen Hand draufschlagen.

Wie aktiviert man Amazon Echo Buttons?

Die Amazon Echo Buttons lassen sich spielend einfach aktivieren. Man muss nur die Batterien einlegen, die Buttons anschließen und Alexa auffordern:

„Alexa, aktiviere meine Buttons.“

Technische Daten von Amazon Echo Buttons

Abmessungen und Gewicht: 75 x 75 x 36 mm, 52 Gramm. Die tatsächliche Größe und das Gewicht können abhängig vom Herstellungsprozess abweichen.

Bluetooth-Verbindung: Entspricht der Bluetooth Core-Spezifikation Version 4.2 inkl. Basic Rate (BR) und Bluetooth Low Energy (BLE). Funktioniert am besten in einer Entfernung von 4.5 m von dem verbundenen Gerät.

Lieferumfang: 2 Echo Buttons, 4 AAA-Batterien. Enthält Kleinteile, die für kleine Kinder ein Erstickungsrisiko darstellen können.

(Zitierte Quelle für diese Angaben: Amazon)

Welche Spiele können mit Amazon Echo Buttons gespielt werden?

Bisher ist das Angebot kompatibler Spiele noch recht überschaubar, es werden aber noch weitere hinzukommen. Beispiele für bisher erhältliche, zumeist kostenlose Spiele sind:

Schüttelwort (Worträtsel)

Bandit Buttons(Reaktionsspiel)

Heißer Stuhl(Neuinterpretation von „Ich hab‘ noch nie ...“)

Hütchenspiel (digitalisierte Variante des Klassikers)

Verrückter Smoothie (per Button das richtige Smoothie-Rezept mixen)

Codeknacker (Merkspiel, bei dem die Reihenfolge der Farben auf den Buttons zu merken sind)

Alien Decoder (Nachrichten von Außerirdischen entschlüsseln)

III. Erste Schritte

Für alle Nutzer, die bereits bei den ersten Versionen von Amazon Echo beziehungsweise Alexa zugegriffen haben, halten auch neuere Versionen der Amazon Echo Familie keine großartigen Überraschungen mehr bereit. Denn bekanntlich sind die entsprechenden Geräte leicht zu bedienen und folgen der gleichen Logik wie die Vorgängermodelle. Eine besondere Rolle hat hier allerdings die Variante Amazon Echo Show, denn diese verfügt als einziges Amazon Echo Gerät über ein eigenes Display. Die folgenden Abschnitte sind demnach vor allem für all jene Nutzer interessant, die bisher noch keine Erfahrung mit Amazon Echo und Alexa haben oder die noch keine Vorstellung haben, was mit Amazon Echo Show möglich ist.

a) Lieferumfang

Geliefert wird Amazon Echo Show stets in einer schwarzen Schachtel, die blau ausgekleidet ist. Das Format des regulären Amazon Echo ist bereits recht kompakt, der Amazon Echo Show benötigt jedoch etwas Platz für sein Display. Selbiges ist zwar noch recht kompakt um kein Platzproblem darzustellen. Trotzdem ist es groß genug, um ohne Schwierigkeiten damit arbeiten zu können. An dieser Stelle wird auch erkennbar, welche technischen Fortschritte in der Konstruktion von Lautsprechern gemacht wurden. Galt noch vor einigen Jahren die Größe eines Lautsprechers als Indiz für Klangqualität, können mittlerweile auch kleine Geräte einen außerordentlich guten Sound produzieren. Amazon Echo Show steht sowohl den anderen Geräten aus der Echo-Familie als auch anderen, herkömmlichen Bluetooth-Lautsprechern seiner Größe klanglich jedenfalls in nichts nach.

Beim Neukauf von **Amazon Echo Show** finden sich immer die folgenden Komponenten im Paket:

- Amazon Echo Show
- das Netzteil mit 1,8 Metern Kabel
- sowie eine Kurzanleitung.

b) Technische Daten von Amazon Echo Show

Amazon Echo Show (2. Generation):

Abmessungen: 246 mm x 174 mm x 107 mm

Gewicht: ca. 1.755 Gramm

Konnektivität: Dualband mit zwei WLAN-Antennen (MIMO) für schnelleres Streamen und weniger Verbindungsabbrüche als mit herkömmlichem WLAN. Unterstützt WLAN-Netzwerke, die die Standards 802.11a/b/g/n/c verwenden. Unterstützt keine Verbindungen zu ad-hoc- (oder Peer-to-Peer-) WLAN-Netzwerken. Unterstützt zudem Funknetze mit dem Standard 802.15.4 für die Steuerung von Smart Home-Geräten. Unterstützt Advanced Audio Distribution Profile (A2DP) für Audiostreaming von Ihrem Mobilgerät auf Echo Show sowie von Echo Show auf einen Bluetooth-Lautsprecher mit separater Bluetooth-Antenne. Audio/Video Remote Control Profile (AVRCP) zur Sprachsteuerung von verbundenen Mobilgeräten. Hands-free-Sprachsteuerung wird nicht auf Mac OS X-Geräten unterstützt. (zitierte Quelle: Amazon)

Audio: Duale 50-mm-Neodymium-Stereotreiber und passive Bassradiatoren. (zitierte Quelle: Amazon)

Display: 10,1 Zoll Touchscreen

Kamera: 5 MP

Systemanforderungen: Echo Show wird bereit für die WLAN-Verbindung geliefert. Die Alexa App ist kompatibel mit Fire OS-, Android- und iOS-Geräten und zudem von Ihrem Webbrowser aus zugänglich. Bestimmte Skills und Dienstleistungen können jederzeit geändert oder entfernt werden, sind eventuell nicht in allen Regionen verfügbar und erfordern möglicherweise ein separates Abo oder andere Gebühren. (zitierte Quelle: Amazon)

c) Amazon Echo Show in Betrieb nehmen

Zu den wichtigsten Aspekten bei der Entwicklung der Amazon Echo Geräte gehörte (und gehört) die Benutzerfreundlichkeit. Da Amazon seine Geräte nicht nur an Experten verkauft, sondern sich auch an Menschen ohne großes technisches Grundwissen richtet, müssen diese intuitiv bedienbar sein. Trotzdem sind einige Schritte zu befolgen, wenn ein solches Gerät erstmalig in Betrieb genommen werden soll.

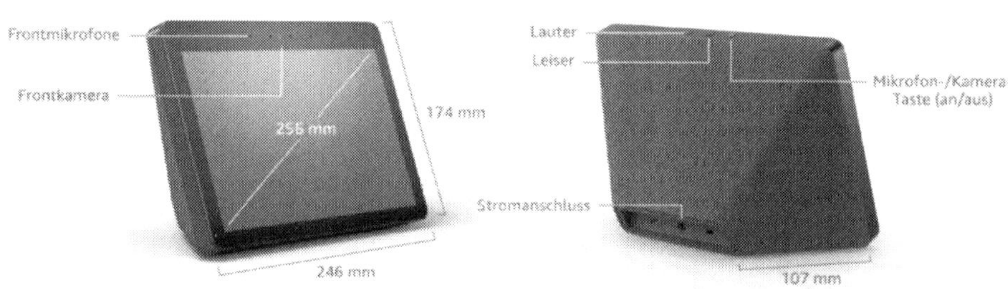

Quelle: www.amazon.de

Amazon Echo Show (2. Generation):

Die Aktivierung des Amazon Echo Show weicht ein Stück weit von den Schritten ab, die bei anderen Amazon Echo Geräten zu befolgen sind. Natürlich ist die Inbetriebnahme dennoch spielend einfach.

1. **Amazon Echo Show mit Strom versorgen:** Unmittelbar nach dem Auspacken kann Amazon Echo Show ans Stromnetz angeschlossen werden. Dazu dient das zum Lieferumfang gehörende Kabel. Sobald alles angeschlossen ist, wird das Gerät erstmalig eingeschaltet.
2. **Sprache und WLAN auswählen:** Zuerst benötigt Amazon Echo Show einige Grundeinstellungen, die direkt über den eigenen Touchscreen

vorgenommen werden können. Dazu gehören die Auswahl der Sprache und des WLAN-Netzwerks, für das natürlich dessen Name und Zugangscode benötigt werden.

3. **Accountdaten bestätigen beziehungsweise eingeben:** Nun fragt Echo Show, ob eine Verknüpfung mit einem hinterlegten Amazon-Account hergestellt werden soll. Andernfalls müssen die Accountdaten eingegeben und bestätigt werden.

4. **Automatische Aktualisierung und Neustart von Amazon Echo Show:** Da Amazon für seine Echo Geräte laufend Updates anbietet, wird das gekaufte Gerät vermutlich nicht auf dem neuesten Stand sein. Daher hat Amazon eine automatische Updatefunktion vorgesehen. Das bedeutet, dass sich das Gerät nach Eingabe der Grundeinstellungen automatisch aktualisiert, was mit einem Neustart verbunden ist. Dieser Vorgang kann einige Minuten in Anspruch nehmen.

5. **Alexa App downloaden und aktivieren:** Sofern auf Smartphone, Tablet oder Computer noch keine Alexa App installiert ist, kann dies in der Zwischenzeit erledigt werden. Die kostenlose App gibt es im jeweiligen Appstore oder für den Computer unter https://alexa.amazon.de. Nach dem Download führt einen die App automatisch durch die nächsten Installationsschritte. Im Anschluss wird die drahtlose Verknüpfung zwischen dem Computer, Smartphone beziehungsweise Tablet und dem Amazon Echo Show hergestellt.

6. **Start des Echo Show:** Wenn alle Schritte bis hierher erfolgreich durchgeführt wurden, begrüßt Amazon Show seinen neuen Nutzer nun mit einem Einführungsvideo.

   Kommunikation mit Alexa und vollständige Nutzung des Geräts: Nach Beendigung des Begrüßungsvideos steht Amazon Echo Show mit all seinen Funktionen zur Verfügung. Nun ist auch die Kommunikation mit der Sprachassistentin Alexa möglich.

IV. Barrierefreiheit

Bei dem Wort „Barrierefreiheit" denkt man natürlich zuerst an rollstuhlgerechte Zugänge bei öffentlichen Verkehrsmitteln, öffentlichen Gebäuden, Ärzten oder Geschäften. Tatsächlich wird der Begriff aber mittlerweile auch genutzt, wenn es um die Ausstattung der eigenen vier Wände für gehandicapte Menschen geht. Vor allem technische Geräte lassen sich heutzutage so modifizieren, dass sie tatsächlich barrierefrei sind, wobei auf die individuellen Bedürfnisse der Nutzer eingegangen wird. Die Amazon Echo Geräte sind auch in dieser Hinsicht echte Vorreiter. Unterschieden wird in vier Arten der Barrierefreiheit: Visuell, akustisch, mobil und sprachlich.

a) Visuell

Bei der App für Amazon Echo Geräten kann für Android eine große Schrift eingestellt werden. Für die Einrichtungsschritte können auch Audio-Anweisungen genutzt werden. Die Lautstärke dafür (sowie natürlich für die Audioausgabe insgesamt) kann via Touch oder per Sprachbefehl reguliert werden. Außerdem kann die Amazon Echo App mit verschiedenen Screen-Readern genutzt werden. Für Apple-Geräte wie iPhone und iPad sind das „VoiceOver" beziehungsweise „Mac OS X mit VoiceOver", bei Android-Geräten „TalkBack", bei Fire OS „Voice View" sowie beim PC „NVDA" und „JAWS".

Durch die Anpassung des Kontrasts wird die Lesbarkeit zudem zusätzlich verbessert.

b) Akustisch

Wenngleich der integrierte Lautsprecher von Amazon Echo, Amazon Echo Dot und Amazon Echo Show bereits sehr leistungsstark ist, kann er durch eine Bluetooth-Verbindung mit anderen Lautsprechern gekoppelt werden. So kann die Akustik zusätzlich verbessert werden. Natürlich sind die Lautstärke für Wecker beziehungsweise Timer, Alexa und die Wiedergabe von Medien individuell einstellbar. Besonders hilfreich ist natürlich auch, dass die Audiowiedergabe per Sprache gesteuert werden kann. Für die Überprüfung, ob eine gewünschte Aktion vom Gerät registriert wurde, dient der Lichtring, dessen Farbe bei verschiedenen Anwendungen wechselt.

c) Mobil

An dieser Stelle können die Amazon Echo Geräte ihre Stärken natürlich voll ausspielen, da sie ja besonders für die Sprachsteuerung diverser Apps und Aufgaben entwickelt wurden. Auch kompatible Smart Home Geräte werden auf diese Weise angesteuert. Zusätzlich unterstützt Amazon Echo die Tastatur-Navigation in der App und in den Webbrowsern. Dies gilt bereits bei der Einrichtung des Geräts.

d) Sprachlich

Die Amazon Echo Geräte verstehen von Beginn an verschiedene Aktivitätsworte: Alexa, Amazon, Computer und Echo. Bei Bedarf und Wunsch können diese Worte auch ergänzt oder durch andere Begriffe ersetzt werden. Das Gerät erkennt die gesprochenen Begriffe beziehungsweise Befehle durch Drücken oder Halten der entsprechenden Taste auf der Sprachfernbedienung.

Übrigens bietet Amazon immer wieder Updates an, um die Spracherkennung kontinuierlich zu verbessern.

V. Personalisierung des Geräts

Amazon Echo, Amazon Echo Dot und Amazon Echo Show können ganz nach den individuellen Wünschen und Anforderungen ihrer Nutzer personalisiert werden. In diesem Kapitel sollen die meistgestellten Fragen diesbezüglich beantwortet werden.

a) Änderung des Aktivitätswortes

Standardmäßig hört Amazon Echo auf den Namen „Alexa“, bei dem es sich laut Amazon um eine Reminiszenz an die berühmteste Bibliothek der Antike aus dem ägyptischen Alexandria handelt. Für all jene, die den Namen aus irgendwelchen Gründen nicht mögen, wurden aber bereits alternative Begriffe festgelegt. Das sind „Amazon“, „Echo“ sowie „Computer“. Nun könnte man anmerken, dass diese Begriffe doch etwas technisch wirken im Vergleich zu einem vertrauten Vornamen wie Alexa. Daher ist es nachvollziehbar, wenn jemand das Aktivierungswort trotz der vorhandenen Auswahl gerne personalisieren möchte. Dabei muss wie folgt vorgegangen werden.

Bei **Amazon Echo und Amazon Echo Dot** wird das Aktivierungswort über die App geändert. Dafür muss zuerst im Menübereich „Einstellungen“ das Gerät ausgewählt werden. Dort findet sich der Unterpunkt „Aktivierungswort“. Nach der Auswahl dieses Punktes kann das neue Aktivierungswort eingegeben werden. Nach dem anschließenden Speichern leuchtet der Lichtring orange und signalisiert damit, dass die Änderung erfolgreich vollzogen wurde.

Bei **Amazon Echo Show** ist die Vorgehensweise etwas anders, da das Gerät ja ein eigenes Display besitzt. Dort kann der Menüpunkt „Einstellungen" direkt ausgewählt werden. Im Unterpunkt „Geräteoptionen" kann dann das Aktivierungswort angewählt und geändert werden.

b) Die Verwendung mehrerer Amazon Alexa Geräte

Man kann Alexa nicht vorwerfen, nicht pfiffig zu sein. Die digitale Sprachassistentin kann tatsächlich geräteübergreifend arbeiten und merkt sich dabei alle Voreinstellungen. Sie erkennt ihren Nutzer also auch an anderen Geräten und funktioniert dadurch noch deutlich besser. Lediglich die Art, wie Alexa angesprochen werden muss, unterscheidet sich in technischer Hinsicht von Gerät zu Gerät.

- Bei **Amazon Echo Geräten** muss lediglich das Aktivierungswort gesprochen werden, schon kann die Frage gestellt oder der Auftrag an Alexa vergeben werden.
- Bei **Amazon Fire TV** kommt dafür die Sprachfernbedienung zum Einsatz. Um Alexa zu aktivieren, muss auf der Sprachfernbedienung die entsprechende Taste gedrückt werden, um die Frage oder den Auftrag zu nennen. Alternativ kann hier auch die Fernbedienungs-App auf Handy oder Tablet genutzt werden.
- Bei **Fire Tablets** muss die Startseite-Taste gedrückt werden. Sobald ein blauer Strich auf dem Display erscheint, kann die Frage gestellt werden.

- Bei **allen anderen Alexa-fähigen Geräten** kommt es auf die individuellen Gegebenheiten an. Meist muss eine Taste gedrückt und das Aktivierungswort genannt werden.

Spannend und insbesondere für Technik-Fans faszinierend dürfte sein, dass sich Alexa zeitgleich im ganzen Haus aufhalten kann. Wenn also mehrere Alexa-Geräte gleichzeitig aktiv sind, so nutzt Alexa ESP. Hier hat der Begriff natürlich nichts mit der automobilen Welt zu tun, sondern bedeutet „Echo Spartial Perception". Über welches jeweilige Gerät Alexa die Frage oder den Auftrag vernommen hat, ist dabei irrelevant. Die Antwort kommt aber stets von dem Alexa-Gerät, dass räumlich gerade am nächsten ist.

Auch die individuell vorgenommenen Einstellungen und Inhalte werden geräteübergreifend genutzt. Dafür müssen in der Alexa-App unter „Einstellungen" im Unterpunkt „Konto für alle Geräte" die folgenden Optionen entsprechend aktiviert sein:

- Musik und Medien
- Anrufe und Nachrichten
- Smart Home Geräte
- Haushaltsprofile
- Einkaufs- und To-do-Listen
- Tägliche Zusammenfassung

Sofern einzelne dieser Unterpunkte nicht benötigt werden, kann auf die notwendige Einstellung natürlich verzichtet werden. Beispiel: Wenn keine Smart Home Geräte gesteuert werden, sind diesbezügliche Voreinstellungen obsolet.

Zusätzlich gibt es einige Einstellungen, die individuell pro Alexa-Gerät vorgenommen werden und nicht automatisch ins entstehende „Alexa-Netzwerk" übertragen werden. Dies gilt für Bluetooth-Verbindungen, Wecker beziehungsweise Timer und die Töne.

c) Weitere persönliche Einstellungen

Amazon legt großen Wert darauf, dass es sich bei Alexa um eine „persönliche" Assistentin des Nutzers handelt. Dementsprechend wenige Aspekte sind unverrückbar festgelegt. Neben den bereits angesprochenen individuellen Einstellungen kann der Nutzer die folgenden Dinge personalisieren.

Den Kalender: Der Kalender ist natürlich weit mehr als lediglich eine Information über das genaue Datum. Wird er über die Alexa App verknüpft, kann man hier persönliche Termine eintragen und sich vorlesen lassen. Der Eintrag von Terminen kann selbstverständlich auch per Sprachsteuerung vorgenommen werden.

Die Shopping-Einstellungen: Alexa ist gerne dabei behilflich, Artikel zu suchen und zu kaufen. Näheres dazu im Kapitel VI., Abschnitt h: „Bei Amazon Prime einkaufen".

Die Skills: Skills sind neue, individuell anpassbare Fähigkeiten, die die Arbeit mit Alexa noch zusätzlich erleichtern. Näheres dazu im Kapitel VIII, Abschnitt d: „Was sind Alexa Skills?".

Die tägliche Zusammenfassung: Bei der täglichen Zusammenfassung handelt es sich um aufgezeichnete Nachrichten und Schlagzeilen sowie um Wetterinformationen. Näheres dazu im Kapitel VI, Abschnitt j: „Die tägliche Zusammenfassung".

Die Verkehrsinformationen: Alexa bietet die Möglichkeit, nach Eingabe von Start (inklusive Verkehrsmittel und Abfahrtzeit) sowie dem Ziel über die genaue Verkehrslage informiert zu werden. Alexa informiert dabei über die geschätzte Reisedauer und informiert über den schnellsten Weg.

Die Sportnachrichten: Jeder Alexa-Nutzer hat hier natürlich unterschiedliche Vorlieben, sei es hinsichtlich der Sportart oder dem Lieblingssportler beziehungsweise –Verein. Alexa weiß genau, wie das letzte Spiel oder der letzte Wettkampf verlaufen ist, hat aber auch nähere Informationen zum Verein oder einzelnen Sportlern in petto.

Das Wetter: Im Gegensatz zum Wetterbericht in Fernsehen oder Radio kann Alexa die Wetterdaten genau für den eigenen Wohnort beziehungsweise Standort ermitteln. Zusätzlich kann Alexa aber auch nach dem Wetterbericht für andere Städte oder Regionen gefragt werden. Auf die Frage „Wie wird das Wetter in Schleswig-Holstein?“ weiß sie ebenso eine Antwort wie auf die Frage „Wird es in Rosenheim regnen?“.

Das Smart Home: Alexa versteht sich tatsächlich blind mit den kompatiblen Smart Home Geräten in ihrer Umgebung. Näheres dazu im Kapitel VII: „Die Steuerung des Smart Homes mit Alexa Geräten“.

Nachrichten und Anrufe: Als gute Assistentin hat Alexa freilich auch einen Überblick über die Gespräche und eingehende Korrespondenz. Sofern unter den Einstellungen im Amazon Echo Gerät beziehungsweise in der App eines anderen Alexa-fähigen Geräts der Schieberegler der Benachrichtigungsoptionen auf „An“ gestellt ist, informiert Alexa gerne über neue Benachrichtigungen. Dabei reagiert sie umgehend auf die Aufforderung „Alexa, lies mir meine Benachrichtigungen vor!“ oder auf die Frage „Alexa, gibt es neue Benachrichtigungen?“. Mit kurzen Wörtern wie „weiter“ oder „zurück“ kann Alexa zwischen den einzelnen Benachrichtigungen navigieren. Auch das Löschen von Benachrichtigungen kann per Spracheingabe vorgenommen werden: „Alexa, lösche alle Benachrichtigungen.“

d) Die Sprachfernbedienung nutzen

Ein Alexa-kompatibles Gerät lässt sich auch mit der Sprachfernbedienung koppeln. Dazu muss die Sprachfernbedienung natürlich zuerst vorbereitet werden. Um sie zu aktivieren, wird der Deckel des Batteriefachs entfernt, unter dem 2 AAA-Batterien Platz finden. Nachdem diese eingelegt wurden, muss die Alexa-App aktiviert und anschließend der Menüpunkt „Einstellungen“ ausgewählt werden. Dort wird nun das Gerät ausgewählt, das mit der Verbedienung gekoppelt werden soll. Im nächsten Schritt wird die Pause/Wiedergabe-Taste für 5 Sekunden gedrückt, damit der Suchvorgang nach der Fernbedienung gestartet wird. Dieser Vorgang wird rund 40 Sekunden dauern, anschließend wird Alexa die Koppelung bestätigen.

e) Die Ländereinstellungen

Um alle Funktionen von Amazon Echo und Alexa optimal nutzen zu können, müssen die Ländereinstellungen angepasst werden – sofern diese nicht bereits korrekt eingestellt sind. Auch hierfür führt der Weg in der App wieder über den Menüpunkt „Einstellungen“. Hier gibt es den Unterpunkt „Ländereinstellungen“, bei dem man anschließend auf „Änderung“ klickt. Hier kann dann eine lokale Adresse hinzugefügt werden. Über den ebenfalls in diesem Menü befindlichen Punkt „Ändern“ findet sich folgender Text: „Klicken Sie hier, um mehr über andere Amazon-Webseiten zu erfahren, auf denen Sie je nach Land, in dem Sie wohnen, einkaufen können.“ Wird dieser Link angeklickt, erscheint der Punkt „Weitere Informationen“. Hier wird der angegebene Wohnsitz im Abschnitt „Aktualisieren Sie Ihren voreingestellten Kindle-Shop“ bestätigt.

f) Lautsprecher-Skills

Mit Lautsprecher-Skills sind individuelle Einstellungen des Lautsprechers selbst gemeint. Zu den wichtigsten dieser Skills gehören die Lautstärkeveränderung auf Zuruf sowie die Wiedergabe von Musik per Sprachbefehl. Neben dem kompatiblen Lautsprecher (Amazon Echo, Amazo Echo Plus, Amazon Echo Dot oder Amazon Echo Show) wird die zugehörige Alexa-App benötigt. Selbstverständlich handelt es sich bei diesen individuellen Einstellungen um solche, die ständig verändert werden können, ganz nach Lust und Laune und eigenem Bedarf. Für weitere Skills, die über die genannten Funktionen hinausgehen, kann man im „Skill-Shop" weitere Lautsprecher-Skills finden. Diese werden ausgewählt und aktiviert, wobei das Konto mit der Website des Herstellers verknüpft wird. Wenn man sich nun anmeldet, führt einen die App per Anweisungen auf dem Bildschirm durch das Aktivierungsmenü. Hierbei wird man, sofern noch nicht geschehen, auch zur Anmeldung im Amazon-Konto aufgefordert.

VI. Die wichtigsten Funktionen

In diesem Abschnitt soll es um die wichtigsten, weil meistgenutzten Funktionen von Amazon Echo, Amazon Echo Dot und Amazon Echo Show beziehungsweise Alexa gehen. Zugrunde liegt dabei die Frage, warum sich Menschen für den Erwerb eines Amazon Echo Geräts beziehungsweise für die Nutzung von Alexa entscheiden. Aspekte, die in den folgenden Abschnitten nicht erwähnt werden, finden in späteren Kapiteln noch Beachtung.

a) Musik hören

Der Hauptgrund für den Erwerb eines Bluetooth-Lautsprechers ist selbstverständlich der Musikgenuss. Anders als bei herkömmlichen Lautsprechern dieser Art, die immer über die Quelle oder durch das Drücken einer Vor-/Zurück-Taste bedient werden, kann man Amazon Echo, Amazon Echo Dot und Amazon Echo Show aber per Spracheingabe ansteuern. Dabei greift Alexa nicht nur auf die direkt in der gekoppelten Quelle gespeicherten Daten zurück, sondern durchsucht im Bedarfsfall die im Internet befindlichen Quellen. In dieser Amazon Musikbibliothek gibt es zahllose Hörproben, die sofort angespielt werden können. Außerdem liefert Alexa gerne Hintergrundinformationen, sofern diese in der Quelle hinterlegt wurden. Die folgenden Sprachbefehle verdeutlichen, wie dieses Prozedere aussehen könnte.

„Alexa, stelle die Lautstärke auf Nummer 4" – Alexa passt die Lautstärke entsprechend an.

„Alexa, wer ist das?" – Alexa nennt Informationen zur Band beziehungsweise zum Interpreten.

„Alexa, was ist das?" - Alexa informiert über die abgespielte Musik.

„Alexa, wie heißt das Lied?" – Alexa nennt den Titel des Liedes.

„Alexa, wann wurde der Song veröffentlicht?" – Alexa nennt das Erscheinungsdatum.

„Alexa, Stopp" – Alexa beendet die Wiedergabe.

„Alexa, Pause" – Alexa pausiert die Wiedergabe.

„Alexa, abspielen" – Alexa setzt die Wiedergabe fort.

„Alexa, fortsetzen" – Alexa setzt die Wiedergabe fort.

„Alexa, spiele für 20 Minuten Musik" – Alexa beendet die Wiedergabe nach 20 Minuten.

„Alexa, stelle den Einschlaf-Timer auf 20 Minuten" – Alexa beendet die Wiedergabe nach 20 Minuten.

„Alexa, Zufallswiedergabe." – Alexa spielt die Songs der aktuellen Playlist in zufälliger Reihenfolge ab.

Alexa hat aber auch kein Problem damit, wenn die Aufgaben hier noch detaillierter werden.

„Alexa, spiele das Lied Sound of Silence" – Alexa spielt den gewünschten Titel.

„Alexa, spiele das Album Radio Maria von Marius Müller-Westernhagen." – Alexa spielt das gewünschte Album ab.

„Alexa, spiele Musik von Beethoven" – Alexa spielt Musik des Komponisten.

„Alexa, spiele Rockmusik" – Alexa sucht nach dem entsprechenden Genre.

Selbstverständlich hat Alexa auch die Lieblings-Playlists ihres Nutzers im Blick und kann diese auf Zuruf abspielen.

„Alexa, spiele meine Playlist Liedermacher" – Alexa sucht die entsprechende Playlist heraus und spielt sie in der regulären Reihenfolge ab.

Es geht aber auch so:

„Alexa, meine Playlist Liedermacher zufällig wiedergeben." – Alexa spielt die Playlist in zufälliger Reihenfolge ab.

Bei Amazon Echo Show stehen außerdem folgende Aufgaben zur Verfügung:

„Alexa, zeige mir meine Playlisten" – Alexa zeigt auf dem Display die verfügbaren Playlisten.

„Alexa, zeige mir die Alben von Metallica" – Alexa zeigt auf dem Display die gefundenen Alben.

„Alexa, zeige mir Partymusik" – Alexa sucht nach entsprechender Musik und zeigt diese auf dem Display an.

Alexa kann auch auf andere Musikdienste zugreifen. Zu nennen ist hier zuerst „Amazon Music Unlimited“.

„Alexa, spiele Popmusik.“

„Alexa, spiele Karnevalsmusik.“

„Alexa, spiele Neue Deutsche Welle.“

Oder bei „Prime Music“:

„Alexa, spiele Musik von Prime Music.“

„Alexa, spiele Classic Rock von Prime Music.“

Auch auf Spotify kann Alexa zugreifen, sofern man ein Amazon-Alexa-Gerät nutzt.

„Alexa, spiele Bon Jovi auf Spotify.“

„Alexa, spiele Klassik von Spotify.“

oder einfach *„Alexa, spiele Spotify.“*

Radiosender kennt Alexa selbstverständlich auch, sofern diese einen Livestream im Internet anbieten.

„Alexa, spiele Radio FFN.“

„Alexa, spiele NDR 2.“

Bei Podcasts oder bestimmten Sendungen braucht Alexa oftmals nicht einmal die Quelle zu kennen.

„Alexa, spiele den Podcast Täter Unbekannt: Der Fall Katrin Konert."

„Alexa, spiele die Sendung Ponik & Petersen."

Übrigens lassen sich über Alexa auch Songs bewerten.

„Daumen hoch"

„Daumen runter"

„Ich mag dieses Lied"

„Ich mag dieses Lied nicht"

An den hier aufgelisteten Phrasen wird bereits deutlich, dass Alexa in Sachen Audioausgabe ein regelrechtes Universalgenie ist. Sie kann auf die lokal gespeicherten Daten ebenso zugreifen wie auch auf beliebte Streamingdienste. Auch die persönliche Musiksammlung in der Amazon-Musikbibliothek gehört mit dazu.

Insgesamt unterstützt Alexa sehr viele, aber nicht alle kostenfreien sowie abonnementpflichtigen Streamingdienste. Um herauszufinden, welche Dienste dazugehören, gibt es in der App den Menüpunkt „Musik und Bücher". Wenn Alexa aufgefordert wird, Musik von angeschlossenen Diensten zu streamen, so besteht mit dem vollständig registrierten Amazon-Konto Zugriff auf die Amazon Musikbibliothek. Hörbücher hingegen finden sich in der ebenfalls erreichbaren Audible-Bibliothek. Um auf Prime Music Zugriff zu haben (und damit auf mehr als zwei Millionen Songs), muss man Amazon Prime Mitglied sein. Noch größer wird die Auswahl für alle, die Amazon Music Unlimited abonniert haben.

Das Hochladen von Musik ist über Alexa ebenfalls kein Problem. So kann zum Beispiel die Musik von iTunes, Google Play oder ähnlichen Diensten über das Alexa-Gerät abgespielt werden. Dafür müssen diese allerdings erst in die Amazon Musikbibliothek geladen werden. Dies ist über den PC oder den Apple Computer möglich. Bis zu 250 Songs können kostenlos in die Musikbibliothek geladen werden. Abonnenten von Amazon Music finden hier sogar Platz für volle 250.000 Songs.

Toll ist, dass die auf diese Weise einmal hinterlegte Musik über alle miteinander synchronisierten Amazon Echo-Geräte abgespielt werden kann.

Auch über Bluetooth lassen sich Medien und Musik streamen. Auf diesen Geräten werden das dafür notwendige „Advanced Audio Distribution Profile" sowie die „Audio / Video Fernbedienungsprotokolle" unterstützt:

- **Amazon Echo**
- **Amazon Echo Dot (ab 2. Generation)**
- **Echo Plus**
- **Echo Show**

Doch damit nicht genug. Alexa kann auch mit einem bestehenden Konto von Drittanbietern verknüpft werden, um den jeweiligen Streamingdienst über Amazon Echo nutzen zu können. Ein typisches Beispiel dafür ist Spotify. Für die Herstellung der Verknüpfung wird folgendermaßen vorgegangen.

Zuerst wird in der App der Menüpunkt „Einstellungen“ ausgewählt. Dort kann der Streamingdienst unter „Musik und Medien“ ausgewählt werden. Hierzu muss einfach nur der Menüpunkt „Konto mit Alexa verknüpfen“ ausgewählt werden. Nun müssen nur noch E-Mail-Adresse und Passwort angegeben werden.

In diesem Bereich kann auch festgelegt werden, welcher Dienst von Alexa als Standard erkannt wird. Dies ist generell Amazon Music (sowohl als Standardmusikbibliothek wie auch als Standardradiodienst). Hier kann auch einer der Bereiche alternativ gewählt werden: Will man etwa den Standardradiodienst beibehalten, die Standardmusikbibliothek aber ändern, so geschieht dies ebenfalls über „Einstellungen“ und „Musik und Medien“. Hier findet sich dann der Unterpunkt „Standard-Musikdienst auswählen“. Ist dies geschehen, muss es nur noch über „Fertig“ bestätigt werden.

b) Hörbücher hören

In der Rangfolge der meistgenutzten Alexa- beziehungsweise Amazon Echo-Anwendungen kommt die Wiedergabe von Hörbüchern gleich hinter der Musikwiedergabe. Hierfür greift Alexa auf das Amazon-eigene Kindle-System zurück, also auf die Hörbücher und Premium-Audioprogramme von Kindle Unlimited und Audible. Dabei unterstützt Alexa auch die Funktion „Whispersync“, bei der die aktuelle Wiedergabeposition direkt im Hörbuch nachverfolgt werden kann. Wer das jeweilige Hörbuch nicht besitzt, kann sich von Alexa die Hörprobe vorlesen lassen.

Bezogen auf Audible gibt es einige Funktionen und Inhalte, die in diesem Fall nicht unterstützt werden:

- Statistiken und Trophäen
- Audio-Abonnements für Zeitschriften und Zeitungen
- Notizen und Lesezeichen
- Steuerung der Sprechgeschwindigkeit

Ansonsten zeigt sich Alexa hier ebenso clever wie bei der Musikwiedergabe. So versteht sie problemlos die wichtigsten Befehle, die für die Wiedergabe von Hörbüchern oder Hörspielen benötigt werden.

„Alexa, lese ‚Faust‘ vor.“

„Alexa, spiele ‚Das Parfüm‘ ab.“

„Alexa, spiele das Hörbuch ‚Er ist wieder da‘ ab.“

Oder auch mit Nennung der Quelle:

„Alexa, spiele ‚Das Parfüm‘ über Audible.“

Auch die Navigation klappt wie bei der Musikwiedergabe:

„Alexa, mein Buch fortsetzen."

„Alexa, ‚Das Parfüm' fortsetzen."

„Alexa, anhalten."

„Alexa, vorspulen."

„Alexa, zurückspulen."

„Alexa, nächstes Kapitel."

„Alexa, vorheriges Kapitel."

„Alexa, gehe zu Kapitel 11."

„Alexa, Neustart Kapitel."

„Alexa, stelle den Einschlaf-Timer auf 30 Minuten."

„Alexa, beende den Einschlaf-Timer."

Zu den besonders angenehmen Funktionen von Alexa gehört, dass sie Kindle eBooks vorlesen kann. Dies ist mit eBooks aus der Bibliothek möglich, auf die folgende Aspekte zutreffen: Das Buch muss im Kindle-Shop erworben oder in der Kindle Leihbücherei ausgeliehen oder über prime Reading beziehungsweise Kindle Unlimited ausgeliehen worden sein. Um die Funktion zu starten muss folgendermaßen vorgegangen werden:

Zuerst wird der Menüpunkt „Musik und Bücher" ausgewählt, um dort unter „Bücher" auf „Kindle" zu klicken. Nun muss noch eines der zur Verfügung stehenden Geräte ausgewählt werden, bevor es dann an die Titelauswahl geht. Nur Bilderbücher und Comics können aus nachvollziehbaren Gründen nicht ausgewählt werden.

c) Alexa beliebige Fragen stellen

Besonders faszinierend ist an Alexa, dass man ihr verschiedene Fragen stellen kann, die sich zwar auf eines der hier beschriebenen Themen beziehen können – aber keineswegs müssen. Ein Teil dieser Fragen wird am Schluss dieses Handbuches im Kapitel XI „Was sind Easter Eggs" besprochen. Allein an der Bezeichnung kann man allerdings bereits erkennen, dass es sich bei diesen Easter Eggs um eher humorvolle Funktionen der digitalen Assistentin geht. An dieser Stelle sei jedenfalls schon einmal verraten, dass Alexa zum Lachen nicht in den Keller geht. Und sie täte dies auch nicht, wenn sie Füße oder Räder hätte.

Einige Fragen, die sich nicht klar den hier aufgezählten, wichtigen Kategorien zurechnen lassen, können aber durchaus ernst gemeint sein. Beispiele gefällig? Gerne.

„Alexa, wer war Konrad Adenauer?"

„Alexa, wie heißt die Hauptstadt der Komoren?"

„Alexa, was geschah am 11. September 2001?"

„Alexa, was ist ein Refraktometer?"

„Alexa, wie weit ist es von Wanne-Eickel bis nach Montepulciano?"

„Alexa, wie funktioniert ein Otto-Motor?"

„Alexa, wie viel ist 47 mal 67,4?"

„Alexa, wie heißen die Nachbarländer von Deutschland?"

„Alexa, wie viele Menschen leben in Buxtehude?"

„Alexa, wie viele Kalorien hat ein Döner Kebab?"

„Alexa, wann ist die nächste Sonnenfinsternis?"

„Alexa, sind Avocados gesund?"

Wenn Alexa einige dieser oder ähnlicher Fragen nicht korrekt versteht, wird sie dies mit „Das habe ich nicht verstanden" kundtun. Meist ist es bereits hilfreich, etwas deutlicher zu sprechen. Ansonsten kann es auch helfen, Synonyme zu verwenden oder die Frage anders zu formulieren.

d) Wetterbericht

Alexa weiß, wie das Wetter wird. Und ihr Wissen geht dabei weit über die eigene Region hinaus, denn Alexa kennt auch die Witterung in jeder großen Stadt auf der Erde. Bis zu 7 Tage kann Alexa das Wetter vorhersehen, wobei es sich hier natürlich genauso verhält wie beim Wettermann im Fernsehen: Zeitnahe Vorhersagen sind meist sehr genau, doch liegen die Tage etwas weiter in der Zukunft, so vergrößert sich auch der Unsicherheitsfaktor. Denn auch die von Alexa genutzte App „AccuWeather" kann nicht sämtliche meteorologischen Überraschungen, die es in den kommenden Tagen geben kann, in Erwägung ziehen und zu einem konkreten Ergebnis zusammenführen. Typische Wetterfragen an Alexa sind zum Beispiel:

„Alexa, wie ist das Wetter?" – Alexa macht einen virtuellen Blick aus dem Fenster und berichtet über die aktuelle Wettersituation vor Ort.

„Alexa, zeige mir das Wetter" – Auch hier geht es um die lokale Ist-Situation.

„Alexa, wie wird das Wetter am Wochenende?" – Alexa macht eine Wettervorhersage für das kommende Wochenende.

Alexa kann aber auch direkt nach schlechten Witterungsverhältnissen gefragt werden:

„Alexa, wird es morgen regnen?"

„Alexa, wird es am Wochenende schneien?"

„Alexa, wird es morgen stürmisch?"

Fragen wie

„Alexa, wie wird das Wetter am 01. April 2019?"

kann Alexa natürlich nur präzise beantworten, wenn der Zeitraum bis dahin nicht zu groß ist oder das genannte Datum nicht bereits in der Vergangenheit liegt. Eine gute Gelegenheit um Alexa zu testen: Was antwortet sie wohl in den genannten Fällen?

Was im lokalen Rahmen klappt, funktioniert auch global:

„Alexa, wie ist das Wetter in Buenos Aires?"

„Alexa, schneit es in Wien?"

„Alexa, ist es in London neblig?"

„Alexa, wie wird das Wetter in Frankfurt am Wochenende?"

e) Verkehrsinformationen

Die Informationen über die aktuelle Verkehrssituation werden immer präziser. Noch vor wenigen Jahren gab es lediglich das Radio als Informationsquelle – und je nach Verkehrslage und Region wurden dort auch nur die Verkehrsbehinderungen ab einer bestimmten Länge genannt. Inzwischen kennen sogar viele Navigationssysteme die genaue Verkehrssituation und können in Echtzeit darauf reagieren. Auch Alexa greift gerne auf die dafür genutzten Quellen zurück, um ihren Nutzer bereits am Frühstückstisch, nicht erst auf dem Weg zur Arbeit über den Straßenverkehr auf der relevanten Strecke zu informieren.

Natürlich funktioniert dies erst, wenn Alexa mit den entsprechenden Daten versorgt wurde. Dies funktioniert wie immer über die App.

In der App führt der Weg über „Einstellungen“ und den dortigen Unterpunkt „Verkehr“. Hier werden dann Start und Ziel eingegeben und die Angaben gespeichert. Über „Halt hinzufügen“ können auf Wunsch auch Zwischenstationen hinzugefügt werden. Dies ist unter Umständen auch bei der Berechnung der besten Strecke von entscheidender Bedeutung. Wenn Alexa die relevanten Informationen hat, kann man sie auch ganz einfach nach der Verkehrslage fragen.

„Alexa, wie ist der aktuelle Verkehr?“

„Alexa, wie ist der Verkehr auf dem Weg zur Arbeit?“

„Alexa, wie lange brauche ich zur Arbeit?“

„Alexa, wie sieht es mit dem Straßenverkehr aus?“

Aber selbstverständlich kann Alexa auch Verkehrsdaten abrufen, die nichts mit der eigenen, vorprogrammierten Strecke zu tun haben.

„Alexa, gibt es Stau auf der A7?"

„Alexa, wie ist der Straßenverkehr in München?"

f) Nachrichten / Sportnachrichten

Während man im Fernsehen oder im Radio stets mit jenen Nachrichten Vorlieb nehmen muss, die von der jeweiligen Redaktion als besonders relevant ausgewählt wurden, hat man über Amazon Echo, Amazon Echo Plus, Amazon Echo Dot oder Amazon Echo Show die Möglichkeit der eigenen Auswahl. Dafür hat Alexa Zugriff auf zahlreiche Nachrichtenkanäle und Medien. Genaue Einzelheiten dazu werden später im Kapitel VIII unter Abschnitt d „Was sind Alexa Skills" erläutert. Sobald Alexa Zugriff auf die entsprechenden Quellen hat, kann man die individuell wichtigen Nachrichten, auch aus dem Sportbereich, über Alexa abrufen.

„Alexa, starte Tagesschau in 100 Sekunden"

„Alexa, welche Nachrichten hat die BILD-Zeitung?"

„Alexa, stehen wichtige Nachrichten in der Frankfurter Allgemeinen Weitung?"

„Alexa, starte die Welt-Politiknachrichten"

„Alexa, starte die Deutschlandfunk Nachrichten"

Insbesondere bei wichtigen Geschehnissen kann Alexa freilich auch ohne Nennung einer bestimmten Quelle befragt werden.

„Alexa, was ist passiert?"

„Alexa, was sind die Wahlergebnisse in Hessen?"

„Alexa, hast du Nachrichten aus Berlin?"

Im Bereich des Sports werden in Radio und Fernsehen meist nur die Ergebnisse weniger Sportarten berücksichtigt. Aber jeder Mensch hat bekanntlich seine eigenen favorisierten Sportarten, seine liebsten Vereine oder auch bevorzugte Sportler. Aus diesem Grunde hat Alexa Zugriff auf deutlich mehr Sportnachrichten und kann für den einzelnen User die interessantesten heraussuchen. Wenn es um favorisierte Mannschaften bestimmter Sportarten geht, ist die Anzahl der vormerkbaren Teams allerdings auf 15 begrenzt. Für den „Hausgebrauch" sollte diese Anzahl aber vollkommen ausreichen.

Mit einem Befehl wie

„Alexa, gib mir ein Sport-Update"

kann Alexa aus Deutschland auf die folgenden Ligen zugreifen:

- Deutsche Fußball Bundesliga
- 2. Deutsche Bundesliga
- Englische Premiere League (EPL)
- National Football League (NFL)
- Union of European Football Association (UEFA Champions League)
- National Collegiate Athletic Association (NCCA FBS Football)

- Major League Soccer (MLS)
- Football Association Challenge Cup (FA Cup)
- Major League Baseball (MLB)
- Women's National Basketball Association (WNBA)
- National Basketball Association (NBA)
- National Hockey League (NHL)

Als Nutzer kann man den eigenen Lieblingsverein auf dem folgenden Weg in der Ap hinzufügen.

Zuerst geht man auf „Einstellungen“, um dort den Unterpunkt „Sportupdates“ auszuwählen. Nun wird der Name des entsprechenden Vereins in die Suchmaske eingegeben. Ggf. wird die App nun mit passenden Vorschlägen antworten (sofern zum Beispiel die Schreibweise von der gespeicherten Form abweicht). Nun lässt sich der Verein einfach aus der Liste auswählen und die Einstellung bestätigen. Ab sofort wird Alexa bei den Sportnachrichten einen besonderen Fokus auf diesen Verein legen. Übrigens kann ein Team auch wieder entfernt werden, was einfach über das neben dem Namen des Teams befindliche „X“ erfolgt.

g) Die Suche nach Restaurants, Einkaufsmöglichkeiten, Ärzten etc.

Gerade dann, wenn man neu in einer Stadt lebt, kann diese Alexa-Funktion äußerst hilfreich sein. Alexa weiß genau, wo der nächste Supermarkt, die Pizzeria oder auch die Tankstelle ist. Dafür greift Alexa auf die Daten von Yelp zu, wo man erfahrungsgemäß stets aktuelle Informationen bekommt. Auch hier ist Alexa wieder auf verschiedenste Weise ansprechbar.

„Alexa, gibt es Restaurants in der Nähe?"

„Alexa, gibt es in der Nähe eine Pizzeria?"

„Alexa, wo ist der nächste Supermarkt?"

„Alexa, wo ist die nächste Apotheke?"

„Alexa, gibt es hier einen Zahnarzt?"

„Alexa, welche Restaurants sind gut bewertet?" – **Hier nennt Alexa nur Lokale, die von bisherigen Gästen als gut bewertet wurden.**

„Alexa, nenne mir die Adresse der Pizzeria ‚Bella Napoli'"

„Alexa, nenne mir die Telefonnummer der Pizzeria ‚Bella Napoli'"

„Alexa, wo ist die nächste Tankstelle?"

„Alexa, wo ist das Kino?"

Doch damit nicht genug: Alexa nennt noch weitere Informationen zu den entsprechenden Einrichtungen.

„Alexa, hat Rewe noch geöffnet?"

„Alexa, was ist die Telefonnummer von Dr. Mustermann?"

„Alexa, welche Kinofilme laufen in Dortmund?"

„Alexa, welche Liebesfilme laufen in Dortmund?"

„Alexa, welche Filme laufen heute im CinemaxX?"

„Alexa, wann startet der neue James Bond?"

„Alexa, welche Filme laufen in der Spätvorstellung?"

„Alexa, um welche Zeit läuft James Bond?"

„Alexa, erzähle mir etwas über den Film ‚Tomorrow never dies'"

„Alexa, welche Filme laufen am Wochenende im Göttinger CinemaxX?"

h) Timer und Wecker

Angeblich soll es ja immer noch Menschen geben, die einen herkömmlichen, tickenden Wecker mit Aufzugmechanik nutzen. Ein solcher hat aber allenfalls noch beim Zelten in der Wildnis seine Berechtigung, ansonsten gibt es längst moderne Alternativen. Eine der besten Alternativen ist Alexa, die weit mehr kann als einfach nur ein Weckgeräusch zu einer bestimmten Zeit abzuspielen. So kann Alexa gleich diverse Wecker und Timer verwalten – jedenfalls dann, wenn man sich für ein Alexa-fähiges Gerät mit Wecker- und Timer-Funktion entschieden hat. So ist es problemlos möglich, den Wecker nach einer Stunde klingeln zu lassen, wenn der Kuchen fertig ist. Am Abend meldet sich Alexa rechtzeitig, wenn die Tochter vom Sport abgeholt werden muss und am nächsten Morgen weckt sie einen selbstverständlich genau pünktlich, damit man es rechtzeitig zur Arbeit schafft.

Wichtig ist dabei, dass Wecker und Timer immer nur auf dem jeweiligen Einzelgerät aktiv geschaltet sind – auch dann, wenn normalerweise diverse Alexa-Geräte innerhalb der Wohnung miteinander gekoppelt sind. Daher ist es sinnvoll, den jeweiligen Alarm immer an dem räumlich nächsten Gerät zu aktivieren. Dadurch wird verhindert, dass andere in der Wohnung oder im Haus befindliche Personen zur Unzeit aufgeschreckt werden.

Übrigens funktionieren Wecker und Timer unabhängig von einer Stummschaltung und sind auch nicht abhängig von einer WLAN-Verbindung. Man muss also nicht befürchten, bei einem etwaigen WLAN-Ausfall zu verschlafen oder den Arzttermin zu verpassen. Insgesamt können über die Alexa-App bis zu 100 Wecker und Timer verwaltet werden.

Toll sind die speicherbaren Erinnerungen und Vermerke.

Um eine solche Erinnerung zu speichern, bittet man Alexa etwa: „Alexa, erinnere mich daran, Daniela am Mittwoch um 19 Uhr am Bahnhof abzuholen." Darüber hinaus können gespeicherte Erinnerungen aber auch über die App verwaltet werden. Dies geschieht im Menü unter „Notizen und Wecker". Hier wird im Menü das jeweilige Gerät gesucht und ausgewählt. Über „Erinnerungen" können dann die dort gespeicherten Erinnerungen abgerufen werden. Bestehende Erinnerungen können über „Erinnerung bearbeiten" geändert oder konkretisiert werden. Eine neue Erinnerung kann hier auch unter „Erinnerung hinzufügen" gespeichert werden. Über „Abgeschlossene anzeigen" kann man schließlich die fertigen Erinnerungen nochmals anschauen.

i) Die To-do-Liste

Alexa kann zahlreiche Funktionen erfüllen, die man zuvor einer Sekretärin übertragen hätte. Beispielsweise kann Alexa auch To-do-Listen verwalten, bei denen auch Listen von Drittanbietern verknüpft werden können. Die Eckdaten für diese Listen sind recht großzügig bemessen: Jede Liste kann bis zu 100 Positionen umfassen, jede einzelne Position darf bis zu 256 Zeichen lang sein. Auch diese Listen stehen, sofern sie einmal gespeichert wurden, auch offline zur Verfügung. Die Listen werden über die Alexa-App auf dem folgenden Weg erstellt.

Zuerst wird im Menü der Punkt „Listen“ ausgewählt. Hier kann dann die bevorzugte Liste erstellt oder ausgewählt werden. Im zweiten Fall lässt sich über „Ein Element hinzufügen“ die Liste bearbeiten. Im entsprechenden Textfeld wird der Eintrag vorgenommen, bevor er über „Hinzufügen“ und „Ein Element abschließen“ bestätigt wird. Natürlich können einzelne Elemente oder ganze Listen über „Eintrag löschen“ beseitigt werden.

Um welche Listen geht es hier eigentlich? Insbesondere lassen sich hier natürlich Einkaufslisten verwalten, auf die Alexa zugreifen kann:

„Alexa, setze Kaffeebohnen auf die Einkaufsliste.“

To-do-Listen gibt es aber in den verschiedensten Lebensbereichen: Ob Ein Urlaub ansteht, der Umzug geplant werden soll oder die Gästeliste für den runden Geburtstag in Echtzeit zu verwalten ist, Alexa ist die richtige Ansprechpartnerin.

„Alexa, setze Carsten auf die Liste ‚Geburtstagsgäste‘.“

„Alexa, setze Taucherbrille auf die Liste ‚Urlaub‘.“

„Alexa, setze Geländer streichen auf die Liste ‚Umzug‘.“

Alexa ist nicht auf die eigenen Amazon-Anwendungen beschränkt. Sie kann also auch auf den Listendienst eines Drittanbieters zurückgreifen.

Dafür wählt man im Navigationsbereich „Einstellungen“ und anschließend „Listen“ aus. Über den Unterpunkt „Verknüpfungen“ lassen sich dann die Anmeldedaten für den externen Listendienst eingeben. An dieser Stelle kann ggf. dort auch ein ganz neues Konto angelegt werden. Je nach Anbieter folgen dann weitere Anweisungen, die zu befolgen sind. Die Verknüpfung zum externen Listenanbieter wird einfach über „Trennen“ unterbrochen.

j) Die Kalenderfunktion

Durch die Kalenderfunktion von Alexa kann man im Prinzip auf klassische Wand- und Tischkalender verzichten. Denn anstelle der dort vorgenommenen Einträge kann man die bevorstehenden Termine einfach in einer App verwalten und über Alexa eintragen, ändern oder abrufen. Welche App dafür eingesetzt wird, ist natürlich abhängig vom genutzten gerät. Bei Apple ist dies der iCloud Kalender, bei Google die G Suite oder der Gmail Kalender, bei Microsoft schließlich der 365-Kalender beziehungsweise der Outlook.com-Kalender.

Für die Installation müssen folgende Schritte gegangen werden.

Zuerst in der Alexa-App den Menüpunkt „Einstellungen“ auswählen. Hier führt der Weg dann über den menüpunkt „Kalender“, wo das Kalenderkonto aus einer Liste der unterstützten Anbieter ausgewählt werden kann. Nun muss auf „Verknüpfungen“ geklickt werden, um dann die nachfolgenden Anweisungen zu befolgen. Unmittelbar nach erfolgreicher Herstellung der Verknüpfung ist Alexa auch hinsichtlich der Terminverwaltung voll einsatzbereit.

„Alexa, was ist mein nächster Termin?“

„Alexa, was steht in meinem Kalender?“

„Alexa, welcher Termin steht für morgen um 14 Uhr im Kalender?“

„Alexa, welcher Termin steht für den 30. Juli 2019 im Kalender?“

„Alexa, füge dem Kalender hinzu: ‚Kerstin, Bella Napoli, 21:00 Uhr, Mittwoch, 12. Dezember‘“

„Alexa, füge dem Kalender ‚Zahnarzttermin, 12:00 Uhr, 15. November‘ hinzu.“

„Alexa, lösche den Termin am 14. November um 12:00 Uhr."

„Alexa, lösche alle Termine am 25. Januar."

Bei Amazon Echo Show gibt es außerdem die Option

„Alexa, zeige mir den Kalender"

Im Folgenden geht es um individuelle Eigenschaften der mit Alexa beziehungsweise Amazon Echo kompatiblen Kalender.

Der Office 365-Kalender

Bei einer Verknüpfung des Office 365-Kalenders mit Alexa wird das Office 365-Firmenkonto mit den exchange-Postfächern unterstützt. Dabei werden alle Termine aus den mit Alexa verknüpften Konten allen Personen zur Verfügung gestellt, die dasselbe Gerät verwenden. Es kann nur ein einziger Microsoft-Kalender verknüpft werden. Sofern sie nicht zu 100 Prozent in der 365-Cloud (Hybrid Exchange) sind, werden Office 365-Konten nicht unterstützt. Ebenfalls nicht unterstützt werden Konten auf den Exchange-Servern, die von einer Firewall geschützt werden (on-premises Exchange).

Der iCloud-Kalender

Bei der Nutzung von Apple-Geräten funktioniert die Verknüpfung über den iCloud-Kalender. Dabei muss zuerst Apples Zwei-Faktor-Authentifizierung aktiviert und in weiterer Folge verwendet werden. Darum ist es auch unabdingbar, immer das Passwort und den zugehörigen Verifizierungscode einzugeben, wenn auf die

Kontoinformationen zugegriffen werden soll. Es ist aber möglich, im Zuge der Zwei-Faktor-Authentifizierung ein appspezifisches Passwort zu erstellen.

Zur Aktivierung der Zwei-Faktor-Authentifizierung für iOS-Geräte wie iPod touch, iPad oder iPhone muss auf dem jeweiligen Gerät zuerst der Punkt „Einstellungen“ ausgewählt werden. Anschließend wird am Bildschirmrand der Name ausgewählt, um Zugriff auf die iCloud-Kontoinformationen zu bekommen. Dann wird der Punkt „Passwort und Sicherheit“ ausgewählt, um dort auf „Passwort und Sicherheit“ zu klicken. Dort geht es dann über „Zwei Faktor-Authentifizierung einschalten“ und die Schaltfläche „Weiter“. Anschließend wird der User gefragt, ob er eine Sicherheitsfrage zur Apple ID beantworten und / oder die Anmeldung auf dem aktuellen gerät gestatten will. Dies kann bestätigt oder eine Telefonnummer hinterlegt werden. Dann kann man entscheiden, ob man einen Verifizierungscode per Anruf oder als SMS empfangen möchte. Über die Schaltfläche „weiter“ geht es dann zum nächsten Schritt. Nun wird der Verifizierungscode benötigt, daher sollte man sich diesen am besten notieren oder kopieren. Sobald „ok“ geklickt wird, kann der Code kein zweites Mal angezeigt werden. Durch die Eingabe des Codes wird das Gerät nun verifiziert.

Die Aktivierung der Zwei-Faktor-Authentifizierung ist bei Apple-Geräten mit einem gewissen Aufwand verbunden.

Zuerst muss das Apple-Menü geöffnet werden, um dort dann auf „Systemeinstellungen“, „iCloud“ und „Kontodetails“ zu gehen. Hier geht es weiter über den Unterpunkt „Sicherheit“ und dort dann „Zwei-Phasen-Authentifizierung einschalten“. Dies wird dann über „weiter“ bestätigt. An dieser Stelle werden meist einige Fragen gestellt, etwa nach einer Kreditkarte oder einer Apple-ID. Außerdem wird gefragt, ob die Anmeldung über das Gerät gestattet wird. Dies wird bestätigt, um dann eine Telefonnummer auszuwählen. wieder wird gefragt, ob man den Verifizierungscode lieber per Anruf oder per SMS erhalten will. Nach der entsprechenden Auswahl geht es auf „weiter". Den erhaltenen Verifizierungscode sollte man am besten kopieren oder notieren, da er nach dem Klick auf „ok" kein weiteres Mal angezeigt wird. Nun wird der Code eingegeben, um das Gerät zu verifizieren. Auch hier besteht jetzt die Möglichkeit, ein appspezifisches Passwort festzulegen, das sich von allen anderen Apple-Passwörtern unterscheiden muss und nur an dieser Stelle genutzt werden kann.

Nun muss im Browser die Seite https://appleid.apple.com geöffnet werden. Hier wird dann die Apple-ID sowie das Passwort eingegeben. Nun folgt die Aufforderung, die Anmeldung vom Gerät aus zu gestatten, dann wird der Verifizierungscode verschickt. Im nächsten Abschnitt wird der Code benötigt, daher sollte man ihn sich notieren oder ihn kopieren. Nach der Anmeldung geht man auf den Punkt „Sicherheit". Hier geht man auf „App-spezifische Passwörter" und klickt auf „Passwort erzeugen". An dieser Stelle wird das Passwort eingegeben und auf „Erstellen" geklickt.

Nun kann man sich mit dem erstellten appspezifischen Passwort über die Alexa-App anmelden und damit den Verknüpfungsprozess abschließen. Hierfür wird die Alexa-App gestartet und der Menüpunkt „Einstellungen" ausgewählt. Dann geht es weiter über „Kalender" und „Apple", um dann auf die Schaltfläche „weiter" zu klicken. Jetzt werden die Apple-ID und das appspezifische Passwort eingegeben, bevor beides dann mit „Anmelden" bestätigt wird.

Leider kommt es im Zuge dieser Vorgehensweise nicht selten zu Problemen. Die folgenden Lösungsansätze können dabei eventuell hilfreich sein.

Am schnellsten funktioniert die Authentifizierung auf IOS-Geräten mit der Softwareversion ab 10.3.1. Daher ist es empfehlenswert, diesen Prozess nicht vom Laptop oder vom Computer aus zu starten. Zum Überprüfen der Softwareversion kann unter „Einstellungen" die Schaltfläche „Allgemein" und dann „Software-Update" ausgewählt werden. Wenn eine neuere Version als die installierte zur Verfügung steht, wird der Nutzer nun darüber informiert. Über die hier benannte Softwareversion hinaus bestehen bei kompatiblen Geräten folgende Systemanforderungen:

- Für Apple-Computer oder –Laptops wird iTunes 12.3 oder höher sowie OS X El Capitan benötigt.
- Für iOS-Geräte wie iPad, iPod touch oder iPhone wird iOS 9.0 oder höher benötigt.
- Für die Apple Watch ist watchOS 2 (oder jünger) Voraussetzung.
- Für einen Windows-PC werden iCloud für Windows v5 sowie iTunes 12.3.3 (oder jünger) benötigt.

Auch die Zurücksetzung des Passworts kann zur Problemlösung führen. Dies geht über „Einstellungen", wo der Name am Displayrand ausgewählt wird, um dann auf die iCloud-Kontoinformationen zuzugreifen. Hier kann dann über „Passwort und Sicherheit" die Schaltfläche „Passwort ändern" erreicht werden. An dieser Stelle kann dann ein neues Passwort festgelegt werden.

k) Bei Amazon Prime einkaufen

Natürlich muss man als Nutzer keine Angst haben, dass Alexa vollkommen selbstständig auf Shoppingtour geht und einen auf diesem Wege finanziell ruiniert. Trotzdem ist Alexa eine echte Shopping-Spezialistin, wenn es um Amazon Prime Artikel geht. Selbstverständlich kauft sie auch hier nicht ohne Aufforderung ein. Wenn man sie aber durch einen Sprachbefehl über eine Kaufabsicht informiert und im weiteren Verlauf diese Absicht weiter verdeutlicht, wird Alexa gerne bei Amazon Prime aktiv. Hier durchsucht sie zum Beispiel die Kaufoptionen und die Verfügbarkeit des Artikels. Ist er tatsächlich verfügbar, so nennt Alexa den Namen und den Preis. Außerdem gibt sie an, wie viele Tage der Versand voraussichtlich dauern wird, sofern es sich dabei um keinen Prime-Versand handelt. Jetzt kann die Bestellung nochmals bestätigt oder storniert werden.

Zur Bestellung bei Amazon Prime wird mindestens die 30-tägige Probemitgliedschaft benötigt, idealerweise natürlich die jährliche Mitgliedschaft bei Amazon Prime. Außerdem braucht man selbstredend ein Amazon-Konto und das kompatible Alexa-Gerät. Auch muss die 1-Click-Zahlungsart zuvor aktiviert sein, da die Zahlungsweise nicht über Alexa geändert werden kann.

Um einen Spracheinkauf zu verwalten, geht man folgendermaßen vor.

Nach der Registrierung des Alexa-Geräts ist der Spracheinkauf bereits standardmäßig aktiviert. Um hier Änderungen vorzunehmen, geht man in der Alexa-App auf „Einstellungen“ und dort auf „Einkauf per Stimme“. Hier gibt es dann die Auswahlmöglichkeiten „Spracheinkauf“, „Bestätigungscode anfordern“ sowie „1-Click-Einstellungen“.

Erläuterungen dazu:

Bei „Spracheinkauf" kann über den gezeigten Schalter die Möglichkeit eines Spracheinkaufs aktiviert oder deaktiviert werden.

Bei „Bestätigungscode anfordern" entscheidet man sich für einen vierstelligen Code, der dann über „Änderungen speichern" registriert wird, bevor Alexa den Einkauf abschließt. Vor der endgültigen Bestellung muss der Code genannt werden, wird aber nicht im Dialogverlauf gespeichert.

Bei „1-Click-Einstellungen" schließlich lassen sich Änderungen zur 1-Click-Zahlungsart und der zugehörigen Rechnungsadresse vornehmen.

Der Einkauf über Amazon Prime im Einzelnen

Wie bereits erwähnt, ist der Einkauf über Alexa nur unter bestimmten Voraussetzungen möglich. Dies ist selbstverständlich auch als Schutz gedacht, damit Alexa nicht durch einen technischen Fehler oder einen Hack von außen plötzlich 975 Paar Hallenturnschuhe oder 20 Paletten Dosenbier ordern kann. Vielleicht wird Alexa in Zukunft auch Zugriff auf andere Shopping-Plattformen bekommen, einstweilen hat sie aber nur Berechtigungen für Amazon Prime.

Voraussetzungen dafür sind:

- Die 30-tägige Probemitgliedschaft oder die Jahresmitgliedschaft bei Amazon Prime
- Eine deutsche Lieferadresse
- Eine deutsche Rechnungsadresse
- Die Aktivierung der 1-Click-Zahlungsart
- Ein Gerät mit Alexa Voice Service
- Die Aktivierung des Spracheinkaufs in der Alexa-App
- Der gewünschte Amazon-Artikel muss Prime-fähig sein

Wenn all dies gegeben ist, kann Alexa ab sofort einen Einkauf per Sprachbefehl vornehmen.

„Alexa, Espressomaschine bestellen." – Alexa sucht nach dem Artikel und unterbreitet Vorschläge.

„Alexa, ja" – Bestätigung, dass das gewählte Produkt korrekt ist.

„Alexa, nein" – Bemerkung, dass das vorgeschlagene Produkt falsch ist.

„Alexa, Espressomaschine erneut bestellen." – Alexa sucht nach der früher bereits bestellten Kaffeemaschine, um diese erneut auszuwählen.

„Alexa, füge espressobohnen zum Einkaufswagen hinzu." – Alexa legt das gewünschte Produkt mit in den virtuellen Einkaufswagen.

„Alexa, storniere die Bestellung."

Selbstverständlich kann Alexa auch offene Bestellungen nachverfolgen.

„Alexa, wo ist meine Bestellung?"

„Alexa, verfolge meine Bestellung."

„Alexa, wann kommt meine Bestellung?"

l) Die tägliche Zusammenfassung

Die tägliche Zusammenfassung ist ein echtes Highlight bei Alexa-Produkten, da sie einem die maßgeschneiderten nachrichten serviert. Hierfür greift Alexa auf die wichtigsten Broadcaster sowie auf die Wetterdaten zu, bei Echo Show kann sogar eine Video Zusammenfassung betrachtet werden. Auch für die tägliche Zusammenfassung können die Einstellungen spielend einfach vorgenommen werden.

Zuerst wird im Menü der Punkt „Einstellungen" ausgewählt, um dort dann über „Konten" und „Tägliche Zusammenfassung" zu navigieren. Hier können nach dem Klick auf die Schaltfläche „Ein" die Nachrichtenprogramme ausgewählt werden, auf die für die tägliche Zusammenfassung zugegriffen werden soll. Weitere Möglichkeiten ergeben sich übrigens über die Skills, auf die im Kapitel VII, Abschnitt d („Was sind Alexa Skills") eingegangen wird.

Nachdem die Einstellungen hier vorgenommen wurden, kann Alexa die tägliche Zusammenfassung bereits abspielen.

„Alexa, was ist meine tägliche Zusammenfassung?"

„Alexa, was gibt es für Nachrichten?"

sowie natürlich die Navigationselemente

„Alexa, weiter"

„Alexa, zurück"

„Alexa, abbrechen"

VII. Was ist IFTTT?

If this, then that – oder zu Deutsch: Wenn dies, dann das. Bereits diese Bezeichnung gibt eine Ahnung davon, worum es hier geht. IFTTT ist ein Automatisierungsdienst, der einen Auslöser mit einer Aktion verknüpft. Um ein konkretes Beispiel zu nennen: Über IFTTT lassen sich Beleuchtungselemente des Smart Homes mit dem eigenen Aufenthaltsort koppeln. Sobald man den Raum oder das Haus verlässt, schaltet sich das Licht automatisch ab, bei der Rückkehr geht es wieder an. Im Haustechnik-Bereich noch interessanter dürfte die Koppelung des Systems mit der intelligenten Heizungssteuerung sein. Sobald man sich auf dem Rückweg von der Arbeit wieder 3 Kilometer von zu Hause entfernt befindet, wird die Heizung automatisch aktiviert. Natürlich können die hier beispielhaft genannten Parameter beliebig gewählt und geändert werden.

Um noch ein Beispiel aus der Haustechnik zu nennen, könnte man beispielsweise durch den Versand einer bestimmten Nachricht die mit dem System kompatiblen Rollläden hoch- oder herunterfahren.

a) Was kann mit IFTTT verknüpft werden?

Im Prinzip (fast) alles. IFTTT selbst spricht von „über 200 Services“, die von der Steuerung „echter“ Geräte über soziale Netzwerke, wichtige Onlinekonten, Onlineshops oder die Wetterdienste reichen.

Bisherige Nutzer von IFTTT werden erkennen, dass bei diesem Dienst einiges modifiziert und modernisiert wurde. Auch einige Begrifflichkeiten wurden geändert, beispielsweise heißen die früheren „Channels“ nun „Services“ und die ehemaligen „Recipes“ werden nun als „Applets“ geführt. Auch wurden die zuvor über mehrere Apps verteilten Services nun in einer einzigen App zusammengefasst. Sowohl bei Android als auch bei iOS heißt die App nun einfach IFTTT. Hier hat der Nutzer sowohl die Trigger-, als auch die Auslöser- und Aktionseinstellungen zur Verfügung. Die Vielzahl der Möglichkeiten wurden in Rubriken gegliedert, die von Appliances (Geräte) bis zu Weather (Wetter) reichen. Bei jedem Applet zeigt IFTTT eine Kurzbeschreibung, nennt den Urheber, die Anzahl der bisherigen Nutzer und den Namen des verknüpften Dienstes, Anbieters oder Herstellers. Dieser ist auch an seinem Logo erkennbar, das hinter dem Button „works with“ zu sehen ist. Natürlich wird nicht jeder Nutzer mit jedem Symbol sofort etwas anfangen können. Fährt man aber mit dem Mauspfeil darüber, wird der jeweilige Anbieter mit vollem Namen angezeigt.

Sehr clever ist die Freitextsuche. Will man beispielsweise ein Applet suchen, das ein Fenster bei einer bestimmten Wetterlage automatisch schließt, so gibt man in das ganz oben befindliche Suchfeld einfach die englischen Begriffe „weather“ oder „window“ ein. Schon einen Augenblick später werden die zu diesen Begriffen passenden Applets angezeigt.

b) Besonders nützliche IFTTT-Anwendungen im Überblick

Natürlich liegt der Clou bei Anwendungen wie IFTTT darin, dass sie so vielseitig sind und sie von jedem User ganz individuell genutzt werden können. Trotzdem lassen sich einige besonders interessante Applets herauspicken, um genau diese Vielseitigkeit zu visualisieren.

Wichtige Mails extra speichern: Nutzer von Gmail können die wichtigsten Nachrichten über IFTTT durch den Notizzetteldienst Evernote zusätzlich speichern lassen, um so den Überblick über wichtige Korrespondenz zu behalten.

Mailanhänge in die Dropbox verschieben: Wer häufiger E-Mails mit Dateianhängen bekommt, wird das Extrahieren dieser Anhänge wahrscheinlich als aufwändig und lästig empfinden. Über IFTTT lässt sich dieser Vorgang automatisieren. Sobald also eine Nachricht mit angehängter Datei eintrifft, wird der Anhang in die Dropbox verschoben und kann dort bekanntlich sehr einfach geöffnet werden.

Von der Soundcloud in die Dropbox: Musikfans sind begeistert. Denn wenn ein Titel im Musikportal „Soundcloud“ mit einem „Like“ markiert wird (und dort zum Download freigegeben ist), so wird der Titel automatisch in die Dropbox geladen.

Die doppelte Datensicherung: IFTTT bietet ein Applet, mit dessen Hilfe alle in der Dropbox gespeicherten Daten zusätzlich bei Google Drive gesichert werden.

Börsennachrichten: IFTTT bietet ein Applet, das zur kontinuierlichen Beobachtung der Börse dient. Wenn beispielsweise der Wert einer bestimmten Aktie um den Faktor X steigt, wird dies dem Nutzer automatisch per E-Mail mitgeteilt.

Lautlosmodus: Bei der IFTTT-Nutzung am Handy ist es möglich, durch ein bestimmtes Applet das Gerät zu festgelegten Zeiten auf „lautlos" zu stellen. Das kann zum Beispiel nachts sein, während der Arbeitszeit oder während eines regelmäßigen sonntäglichen Kirchenbesuchs.

Automatische Stechuhr: Wer seine eigene Arbeitszeit protokollieren möchte, kann dies auch via IFTTT machen und diese über Google Docs in einer Tabelle protokollieren lassen. Damit dies reibungslos klappt, muss der Android-Orientierungsdienst aktiviert werden.

IFTTT kann zur Herstellung der Verknüpfungen auf zahlreiche bekannte Dienste zugreifen. Um nur einige bekannte Namen aufzuzählen:

Android Telefone, Dropbox, Evernote, Facebook, Flickr, Feedly, GMail, Instagram, LinkedIn, Twitter, Wordpress und Youtube.

Tipp: Wer großen Wert auf ganz bestimmte Anwendungen legt, sollte deren Kompatiblität mit IFTTT am besten durch eine Recherche abklären, bevor das System installiert wird.

c) Alexa in Verbindung mit IFTTT

Bereits ohne IFTTT ist Alexa sehr clever und kann viele Aufgaben erledigen, wie schon die vorangehenden Kapitel dieses Handbuches zeigen. Aufgaben wie *„Alexa, Licht an."* benötigen also kein IFTTT, sondern werden bereits reibungslos erledigt. Durch IFTTT bekommt Alexa aber quasi ein Update für ihre Möglichkeiten und kann gestellte Aufgaben noch besser und genauer erledigen. Damit Alexa erkennt, dass es sich ausdrücklich um einen IFTTT-Befehl handelt, muss leider das Wörtchen „trigger" mit in den Sprachbefehl eingebaut werden. Das mag wenig elegant und sprachlich etwas holperig klingen, ist im Alltagsgebrauch aber eine reine Gewöhnungssache.

„Alexa, trigger dimme in der Küche das Licht." – Dies ist beispielsweise möglich, wenn in der Küche Philips Hue Lampen verbaut und ins Smart Home eingebunden wurden.

„Alexa, trigger speichere dieses Lied ab." – Hier greift die Verbindung von Alexa, Amazon Echo, Spotify, IFTTT und Google Docs. Hergestellt wird diese Kausalkette natürlich über IFTTT.

„Alexa, trigger wo ist denn mein Handy?" – Alexa greift über Amazon Echo und IFTTT auf das Handy zu. Dort wird der Lautlos-Modus (sofern aktiviert) ausgeschaltet und das Gerät klingelt.

Ein Teil der Möglichkeiten, die via Alexa und IFTTT zur Verfügung stehen, wird auch im Kapitel IX unter Abschnitt d („Was sind Alexa Skills?") behandelt.

Teilweise mag es sich bei IFTTT-Anwendungen um Dinge handeln, die man als „nette Spielerei" verbuchen kann. In einigen Fällen macht dieses Tool aber absolut Sinn, nicht nur für gehandicapte Menschen. Schön ist, dass die Nutzung von IFTTT kostenlos ist und man die notwendige App problemlos herunterladen kann.

VIII. Die Steuerung des Smart Home mit Alexa-Geräten

Auch wenn das Smart Home für die meisten Menschen bisher eher Zukunftsmusik als Alltagserfahrung ist, so sind die Amazon Echo Geräte in Kombination mit Alexa bereits heute darauf vorbereitet. Da dies in Bezug auf die kompatiblen Geräte bereits reibungslos klappt, liegt hierin für viele Kunden sogar eines der wichtigsten Kaufkriterien für ein Amazon Echo Gerät. Nach der einmal vorgenommenen Installation lassen sich zum Beispiel Schalter, Steckdosen, Lampen und Thermostate ganz einfach per Sprachbefehl steuern. Insbesondere die Lichtsteuerung erfreut sich dabei größter Beliebtheit und reicht meist weit über das reine An- und Ausschalten hinaus. Lampen können beispielsweise auch gedimmt werden oder ihre Farbe verändern.

Bei Heizungsthermostaten erweist sich das Alexa-gesteuerte Smart Home ebenfalls als clever. Zwar sind Thermostate, die zu bestimmten, voreingestellten Zeiten auf- und abregeln, kein echtes Novum. Nun ist es aber möglich, das Thermostat ganz beliebig und auf Zuruf zu regulieren, wenn dies notwendig oder wünschenswert erscheint.

Die folgenden Geräte sind mit Alexa beziehungsweise Amazon Echo Geräten kompatibel.

<u>Beleuchtung:</u>

Philips Hue Color E27 Starter Set

Philips Hue Color GU 10 Starter Set

Philips Hue White E27 Starter Set

Lifx B22 LED Lampe

Steckdosen und Schalter:

Wemo Smart Plug

Wemo Switch

Homematic IP Schalt-Mess-Steckdose

TP-Link WLAN Steckdose

Theromstate:

Honeywell Funkraumthermostat

Honeywell IP Starter Set Klima

Tado Smartes Thermostat

Kameras:

Ring Video Türklingel

Nest Cam Kamera

Logitech Kamera

Insgesamt ist damit zu rechnen, dass im Laufe der Zeit weitere kompatible Geräte hinzukommen. Denn natürlich liegt es nur im Interesse der jeweiligen Hersteller, sich einem beliebten, vielseitigen und sehr einfach nutzbaren System anzuschließen. Leider kann man im Vorfeld nicht erfahren, welche neuen Geräte künftig über Alexa gesteuert werden können.

a) Grundvoraussetzungen

Zuerst muss natürlich klar sein, dass die zu verbindenden Smart Home-Geräte tatsächlich Amazon Echo- beziehungsweise Alexa-kompatibel sind. Informationen dazu findet man in der dem gerät beiliegenden Anleitung oder in der App, die zu jedem Smart Home Gerät gehören müsste. Über diese App muss das Gerät auch zuerst installiert und aktiviert werden, bevor es mit Alexa gekoppelt werden kann. Im Verlaufe dieses Vorgangs werden vermutlich auch diverse Updates installiert, um das Produkt softwaretechnisch auf den neuesten Stand zu bringen.

Sofern noch nicht geschehen, wird dann im Anschluss die Alexa-App heruntergeladen und installiert. Auch bei diesem Vorgang werden vermutlich die neuesten Updates installiert. Unmittelbar danach können die Smart Home-Geräte mit Alexa verbunden werden.

Zuerst wählt man in der App die Schaltfläche „Skills", um dort den passenden Skill zum entsprechenden Gerät zu suchen. Dieser wird dann ausgewählt und über „Skill aktivieren" bestätigt. Generell sind nun weitere Anweisungen zu befolgen, um die Installation beziehungsweise die Aktivierung abzuschließen. Man kann Alexa auch per Sprachbefehl anweisen, das gefundene Gerät zu aktivieren.

Einige Hersteller bieten mehrere Alexa-kompatible Geräte an, die dann häufig auch mit einem einzigen Skill betrieben werden können. Ein Beispiel dafür ist die „V1 Hue Bridge", die für alle Philips Hue-Geräte genutzt wird.

b) Sprachsteuerung

Alexa hat alle kompatiblen Geräte im Smart Home im Griff. Der Nutzer kann diese per einfachem Sprachbefehl steuern.

„Alexa, schalte das Licht in der Küche ein."

„Alexa, aktiviere das Licht im Wohnzimmer."

„Alexa, aktiviere die Geräte im Wohnzimmer." – Hier wurde natürlich zuvor definiert, was genau unter „Geräte" zu verstehen ist. Es können sich aber durchaus um mehrere Geräte handeln, also etwa Musikanlage, Beleuchtung und Zimmerbrunnen.

„Alexa, lege Wohnzimmerbeleuchtung auf Helligkeit 7 fest."

„Alexa, dimme die Wohnzimmerbeleuchtung."

„Alexa, schalte das Licht auf Rot." – Dies ist natürlich nur bei Farbwechsellampen möglich.

„Alexa, mach das Licht wärmer."

„Alexa, mach das Licht kälter."

„Alexa, stelle die Temperatur im Wohnzimmer auf 22 Grad."

„Alexa, wie hoch ist die Temperatur in der Küche?"

„Alexa, schalte den Ventilator im Schlafzimmer auf 4."

„Alexa, ist die Haustür verschlossen?"

„Alexa, verschließe die Haustür."

c) Was ist eine Smart Home Gerätegruppe?

Die Smart Home Gerätegruppe ist eine Gruppe von Geräten, die gemeinsam verwaltet werden. Zur Einrichtung wird in der App der Bereich „Smart Home“ geöffnet, wo dann die Schaltfläche „Gruppen“ ausgewählt wird. Hier ist dann auf „Gruppe hinzufügen“ zu klicken, um dann den Gruppen-Typ auszuwählen. Das ist zum Beispiel die „Smart Home Gruppe“, bei der die hier zusammengefassten Geräte gemeinsam aktiviert oder deaktiviert werden. Ein weiteres Beispiel ist die „Multiroom Musikgruppe“, über die Musik von mehreren Sendern gestreamt werden kann.

Im nächsten Schritt wird der Name für die Gerätegruppe vergeben, man kann sich aber auch für eine vorgegebene Bezeichnung entscheiden. Am sinnvollsten ist freilich ein Name mit Wiedererkennungswert, um die Gerätegruppen später nachvollziehen zu können. „Wohnzimmertechnik“ ist also deutlich logischer als „Zickezacke Zickezacke hoi hoi hoi“. Nun wird ausgewählt, welche Geräte der Gruppe zugeordnet werden sollen. Dabei kann die Gruppe selbstverständlich auch später noch bearbeitet und im Bedarfsfall ergänzt werden, indem man über die Alexa-App im Bereich „Smart Home“ die zu bearbeitende Gruppe ausgewählt wird. Hier kann dann der Gruppenname bearbeitet werden, man kann Geräte löschen oder hinzufügen oder die gesamte Gerätegruppe löschen.

d) Die Nutzung von Smart Home Kameras

Wenn die Smart Home Kamera mit Amazon Echo verbunden wurde, so kann man per Sprachbefehl auf Amazon Fire TV-Geräte sowie auf den Live Kamera-Feed zugreifen. Angesehen werden kann dieser Live-Kamera-Feed über Amazon Fire TV, den Fire TV Stick sowie alle Fire Tablets ab der 4. Generation. Außerdem lassen sich Amazon Echo, Amazon Echo Plus oder Amazon Echo Dot nutzen, um den Kamera-Feed auf dem Fire TV betrachten zu können. Dafür müssen die Geräte mit der Alexa-App verbunden sein.

Zur Steuerung der Smart Home-Kamera via Alexa muss man die App auf der Website des Herstellers herunterladen und nach Bildschirmanweisung installieren. Dann ist die Kamera mit dem Internet zu verbinden, idealerweise über das identische WLAN, das auch von Alexa, den Fire-TV-Geräten und dem Fire-Tablet genutzt wird. Dann geht man im Menü der Alexa-App auf „Einstellungen“, um dort nach dem richtigen Skill für die Kamera zu suchen. Dieser wird über „aktivieren“ ausgewählt. Nun sind noch einige Schritte zu befolgen, die als Bildschirmanweisung angezeigt werden. Über den Schritt „Gerät hinzufügen“ kann Alexa die entsprechende Kamera nun finden.

Die Kamera kann beliebig angezeigt oder verborgen werden. Auf Amazon Echo-Geräten wird das Aktivierungswort gesprochen mit der Bitte, die Kamera anzuzeigen.

„Alexa, zeige die Kamera.“

Oder bei mehreren Kameras:

„Alexa, zeige Kamera Nummer 7."

„Alexa, zeige die Kamera im Wintergarten."

„Alexa, verberge Kamera Nummer 2."

„Alexa, stopp."

„Alexa, stoppe Kamera Nummer 2."

e) Sicherheitsaspekte

Natürlich ist zu beachten, dass die Steuerung des Smart Home, wie sie hier beschrieben wurde, durch jede Person möglich ist, die direkt mit Alexa spricht. Dies betrifft auch, sofern sie mit eingebunden wurden, die Türschlösser, Garagentore, Kameras oder Rollläden. Eine größtmögliche Sicherheit kann nur gewährleistet werden, wenn bei den einzelnen Smart Home Geräten die Herstelleranweisungen in Bezug auf die Sicherheit befolgt werden. Im täglichen Gebrauch sollte nach der Nennung des Sprachbefehls immer bestätigt werden, dass der gewünschte Schritt auch ausgeführt werden soll. Selbstverständlich sollten generell auch nur autorisierte Personen Zugriff auf Alexa (in Verbindung mit dem Smart Home) haben. Bei Familien oder in anderen Mehrpersonenhaushalten ist es möglich, die Steuerung des Smart Home nur über einzelne Alexa-Geräte durchzuführen, während andere Alexa-Geräte hier keinen Zugriff bekommen.

IX. Was ist die Alexa-App?

Wer schon immer davon geträumt hat, rund um die Uhr eine stets freundliche, hilfsbereite und kompetente Assistentin für nahezu alle Lebenslagen zu haben, der kann sie in der Alexa-App finden – und zwar vollkommen kostenlos. Entwickelt wurde Alexa freilich für die Verwendung in Kombination mit Geräten wie Amazon Echo, Amazon Echo Plus, Amazon Echo Dot oder Amazon Echo Show. Allerdings sind der Kauf und die Nutzung eines dieser Geräte nicht zwingend erforderlich. Selbstverständlich muss das Gerät, auf dem die Alexa-App läuft, „Alexa-fähig" ausgestattet sein. Dies betrifft neben der softwaretechnischen Kompatibilität auch die Hardwareausstattung. Neben der Möglichkeit, über WLAN eine stabile Internetverbindung aufzubauen, muss das Gerät über ein Display sowie ein Mikrophon und einen Lautsprecher verfügen. Dieses Kapitel beschreibt, was man ansonsten noch über die Alexa App wissen muss.

a) Voraussetzungen / Rechtliches

Da Alexa ein vergleichsweise junges Produkt ist, hat sie in technischer Hinsicht ein paar klare Anforderungen. Diese sollten von den meisten Geräten der neueren Generationen aber gut zu erfüllen sein.

Kompatibel ist Alexa mit:

Android 4.4 (oder höher) IOS 8.0 (oder höher) Fire OS 3.0 (oder höher)

Wenn Alexa am Computer betrieben wird, sollte der Download über einen der folgenden Browser erfolgen:

Chrome, Mozilla Firefox, Safari, Internet Explorer 10 (oder höher),

Microsoft Edge

Natürlich ist es mit der Erfüllung dieser technischen Grundlagen noch nicht getan. Die Nutzung von Alexa ist zwar kostenlos, bedarf aber einer Annahme einer ausführlichen Lizenzvereinbarung. Eine solche kennt man zwar von beinahe jeder Software, bei Alexa geht diese Lizenzvereinbarung allerdings ziemlich weit.

Bei der Nutzung von Alexa geht man einen Vertrag mit Amazon ein. In der Lizenzvereinbarung geht es selbstredend um die Speicherung von privaten Daten, aber auch um die Nutzung selbst. So darf Alexa nur im privaten Rahmen genutzt werden und nur mit Geräten und Software, die von sich aus Alexa-kompatibel sind. Wer Alexa nutzt, stimmt zudem einer Speicherung und Verarbeitung eingegebener Daten und getätigter Interaktionen zu. Amazon nutzt dies nach eigener Aussage, um den Dienst kontinuierlich zu verbessern. Ähnliches gilt für getätigte Einkäufe und abgefragte Daten. Nur so kann Amazon die für die Nutzung notwendige Cloud stets aktualisieren. Amazon ist zwar sehr hungrig in Bezug auf abgefragte Daten, legt die entsprechenden Details aber offen. Wer genauer wissen will, welche Daten Alexa an Amazon weitergibt und was damit passiert, der kann sich direkt bei Amazon darüber informieren.

Auch das Tätigen von Spracheinkäufen bei Amazon Prime via Alexa wird gespeichert. Dies muss den Nutzer freilich nicht beunruhigen, denn jedes Handelsunternehmen speichert Informationen über seine Kunden in Verbindung mit den getätigten Einkäufen. Eine Nutzung dieser Spracheinkaufs-Option ist aber ohnehin nur möglich, wenn man zuvor eine Mitgliedschaft bei Amazon Prime abgeschlossen hat. Die Laufzeit beträgt für die Probemitgliedschaft 30 Tage, die reguläre Mitgliedschaft gilt für 1 Jahr. Selbstverständlich muss für diese Mitgliedschaft, die nicht zwingend mit dem Spracheinkauf via Alexa verbunden sein muss, ein separater Vertrag abgeschlossen werden.

Sofern über Alexa Dienste von Drittanbietern genutzt werden, stimmt der User auch der Speicherung, der Verarbeitung und dem Austausch dieser Daten zwischen Amazon und dem jeweiligen Anbieter zu.

Natürlich behält sich Amazon das Recht vor, Änderungen am Vertragswerk oder an Alexa selbst vorzunehmen, setzt seine User davon aber stets rechtzeitig in Kenntnis. Diesen muss dann separat zugestimmt werden. Für alle Vereinbarungen zwischen dem Nutzer und Amazon gilt luxemburgisches Recht. **Es ist bei der Nutzung von Alexa und anderen Amazon-Produkten unbedingt empfehlenswert, die zugehörigen AGB aufmerksam zu studieren.**

b) Allgemeine Einstellungen

Innerhalb der Alexa-App können zahlreiche Einstellungen und Änderungen vorgenommen werden. Auf einige der Möglichkeiten wurde bereits in den jeweiligen Kapiteln dieses Buches eingegangen, hier nun noch einmal ein Gesamtüberblick.

WLAN aktualisieren: Über diesen Menüpunkt können die Grundeinstellungen für das WLAN vorgenommen werden. Insbesondere geht es hier um die Auswahl, die Änderung oder die Aktualisierung des Drahtlosnetzwerks.

Bluetooth: Hier werden die Einstellungen für die Verbindung mit anderen Bluetooth-Geräten vorgenommen, aktualisiert oder gelöscht.

Fernbedienung für Echo-Geräte koppeln: Dieser Punkt erlaubt die Installation oder Bearbeitung einer Sprachfernbedienung.

Drop in: Der Menüpunkt für die Drop-in-Berechtigungen.

Töne: Hier werden die Töne, die Alexa bei bestimmten Aktionen von sich gibt, verwaltet. Auf Wunsch können die Grundeinstellungen der Töne geändert werden, um bestimmte Töne anderen Funktionen zuzuweisen. Dies betrifft zum Beispiel auch die Benachrichtigungen und den Timer.

Gerätename: Hier kann der Name des Gerätes geändert werden – beispielsweise dann, wenn mehrere Alexa-Geräte parallel genutzt werden.

Gerätestandort: Hier wird die aktuelle Adresse hinzugefügt. Die ist wichtig, um etwa präzise Meldungen zu Wetter, Uhrzeit, Verkehrssituation, Kinoprogramm oder Veranstaltungen in der Nähe zu erhalten.

Zeitzone: An dieser Stelle wird die Zeitzone des Geräts festgelegt oder geändert.

Aktivierungswörter: Hier kann festgelegt werden, ob die Aktivierungswörter weiterhin „Alexa“, „Amazon“, „Echo“ und „Computer“ lauten oder ob hier andere Wörter festgelegt werden sollen.

Sprache: Der Menüpunkt für die Spracheinstellungen.

Temperatur: Hier kann u.a. die Einheit festgelegt werden, also zum Beispiel Celsius oder Fahrenheit.

Entfernungs-Einheiten: Hier wird festgelegt, ob Entfernungen in Metern / Kilometern oder in Fuß / Meinen angezeigt werden.

Geräteregistrierung: Information über den aktuellen Anmeldestatus.

Software-Version: Hier wird über die aktuelle Software-Version informiert.

Seriennummer: Anzeige der individuellen Seriennummer des Geräts.

MAC-Adresse: Anzeige der individuellen MAC-Adresse des Geräts.

Benachrichtigungen: Der Menüpunkt zur Verwaltung der Benachrichtigungseinstellungen.

Musik und Medien: Bei diesem menüpunkt können die kompatiblen Medien- und Musikdienste mit dem Alexa-Gerät gekoppelt werden.

Tägliche Zusammenfassung: Die tägliche Zusammenfassung bezieht sich auf die wichtigsten Nachrichten, individuell für den Nutzer zusammengestellt. An dieser Stelle kann ausgewählt werden, von welchen Anbietern die Inhalte der täglichen Zusammenfassung stammen sollen.

Sportnachrichten: Dieser Menüpunkt dient der Auswahl des Lieblingssportlers beziehungsweise der favorisierten Mannschaft. Durch diese Festlegung werden auch Sportnachrichten individuell für den Nutzer zugeschnitten.

Verkehr: Hier wird der Standort und das Ziel eingegeben, um dann Live-Informationen zur Verkehrslage zu erhalten.

Kalender: Der Menüpunkt zur Verknüpfung des Kalenders mit Alexa. So kann Alexa aktuelle Termine oder Ereignisse überblicken und verwalten.

Listen: Die Verwaltung der To-do- und Einkaufslisten.

Einkaufen per Sprachbefehl: An dieser Stelle kann der Spracheinkauf für physische Produkte bei Amazon Prime aktiviert und verwaltet werden.

Haushaltsprofile: Bei diesem Menüpunkt wird der Amazon-Haushalt eingerichtet und verwaltet.

Verlauf: Die Verwaltung der vergangenen Sprachinteraktionen.

Über die App: Informationen zur genutzten Version der Alexa-App.

Abmelden: Abmeldung des aktuellen Nutzers.

c) Gerätestandort

Der Gerätestandort ist wichtig, um Funktionen wie Uhrzeit, Wetter- und Verkehrsdaten sowie standortbezogene Funktionen nutzen zu können. Das sind beispielsweise auch die Suche nach nahgelegenen Restaurants, das aktuelle Kinoprogramm oder Veranstaltungen in der Nähe. Um den Gerätestandort festzulegen, geht man ganz einfach vor:

Wieder einmal führt der Weg über den Menüpunkt „Einstellungen“, wo anschließend das Gerät ausgewählt wird. Im nächsten Schritt geht es dann über die Schaltfläche „Gerätestandort“ und „Bearbeiten“. Hier kann jetzt die Adresse angelegt oder geändert werden, um anschließend auf die Schaltfläche „weiter“ zu klicken. Bei Amazon Echo Show kann die Einstellung auch über den eigenen Touchscreen vorgenommen werden.

d) Was ist ein Haushaltsprofil?

Ein Haushaltsprofil dient dazu, allen (oder einigen) im Haushalt lebenden Personen Zugriff auf alle Inhalte und Funktionen von Alexa und den Amazon-Geräten zu gewähren. Somit können Personen, die im Haushaltsprofil angemeldet sind, beispielsweise Musiktitel hochladen, Hörbücher hören oder diverse Inhaltskäufe tätigen, die dann mit anderen Mitgliedern im Haushaltsprofil geteilt werden. Außerdem können die Mitglieder Medien-Apps und Amazon-Geräte teilen.

Um ein Haushaltsprofil zu verwalten, müssen die hinzuzufügenden Personen auch anwesend sein. Nach der Auswahl des Menüpunktes „Einstellungen“ in der Alexa-App navigiert man auf „Konto“ und dort dann weiter zu „Haushaltsprofil“. Hier sind nun einige personenspezifische Anweisungen zu befolgen. Die hinzuzufügende Person muss dabei über Tablet, Notebook oder Smartphone diverse Informationen selbst eintragen.

Beim Entfernen aus dem Haushaltsprofil ist zu berücksichtigen, dass die entfernte Person innerhalb der nächsten 180 Tage nicht wieder hinzugefügt werden kann. Ist die Löschung aus Versehen geschehen, muss der Kundenservice von Amazon kontaktiert werden.

Zur Löschung wählt man in der Alexa-App ebenfalls den Menüpunkt „Einstellungen“, um über „Konto“ und „Haushaltsprofile“ zu navigieren. Hier wählt man dann den menüpunkt „Entfernen“, um dann auf die entsprechende Person zu klicken. Um sich selbst zu entfernen, muss einfach auf „Verlassen“ geklickt werden. Für andere Personen führt der Weg über die Schaltfläche „Aus dem Haushalt entfernen“. Im weiteren Verlauf des Vorgangs muss diese Änderung nochmals bestätigt werden.

Wenn mehrere Haushaltsprofile angelegt wurden, lässt ich zwischen diesen mit wenigen Klicks wechseln. Hierfür geht man auf die Inhaltsbibliothek der Alexa-App, um dann über das sich öffnende Menü das gewünschte Haushaltsprofil auszuwählen. Dann muss die Auswahl nur noch bestätigt werden.

e) Was sind Alexa Skills?

Wenn man das Wort „Skills“ ins Deutsche übersetzt, so bedeutet es „Fähigkeiten“. Im Zusammenhang mit Alexa ist also bereits klar, worum es hier geht. Alexa Skills sind demnach sprachgesteuerte Fähigkeiten, die den Funktionsumfang von Alexa deutlich erweitern. Dabei ist es natürlich nicht notwendig, dass jedes Alexa-Gerät zwingend mit sämtlichen Alexa-Skills versorgt werden muss. Viele Skills haben zum Beispiel rein regionalen Bezug und sind zudem abhängig von den Interessen des Alexa-Nutzers. Will man beispielsweise über anstehende Konzerte in einer bestimmten Stadt informiert werden, so lässt sich dafür ein Alexa Skill aktivieren. Alexa-Nutzer, die ohnehin nicht auf Konzerte gehen, werden wahrscheinlich kein Interesse an dieser Option haben. Generell gibt es aber dermaßen viele Alexa Skills, dass darunter tatsächlich jeder fündig werden kann. Zu finden sind die Skills in der Alexa-App oder im Skill-Store.

Um Alexa Skills zu suchen und auszuwählen geht man folgendermaßen vor: Zuerst wird die Alexa-App geöffnet, wo der Menüpunkt „Skills“ ausgewählt wird. An Computer oder Laptop kann der Skill-Store über die Seite https://www.amazon.de/skills aufgerufen werden. Im Folgenden kann man bereits nach den passenden Skills suchen. Dafür kann man sich entweder durch die diversen Kategorien arbeiten (also einfach mal stöbern), andernfalls kann das Feld „Suche“ für die gezielte Suche nach bestimmten Skills genutzt werden. Sobald der richtige Skill gefunden wurde, muss die Detailseite geöffnet und „Skill aktivieren“ geklickt werden. Bei einigen Skills kann es sein, dass nun noch weitere Anweisungen gegeben oder Eingaben abgefragt werden, bevor der Skill genutzt werden kann.

Die Verwaltung der Skills ist spielend einfach. Zuerst wird die Alexa-App geöffnet und der Punkt „Skills“ ausgewählt. Hier geht es dann weiter über „Meine Skills“.

Um Skills zu deaktivieren, können die Skills einfach ausgewählt und über die entsprechend beschriftete Schaltfläche deaktiviert werden.

Die Rezension beziehungsweise Bewertung von Skills hilft anderen Nutzern bei der Suche nach geeigneten Skills. Dies funktioniert über die Schaltfläche „Rezensionen“.

Skill-Berechtigungen sind die Zugriffsmöglichkeiten, die einzelne Skills auf Informationen wie Adresse und Standort des Geräts haben. Über den Punkt „Skill-Berechtigungen“ können diese Zugriffsmöglichkeiten an- und ausgeschaltet werden. Aber Achtung: Einige Skills funktionieren nur, wenn umfangreiche Berechtigungen erteilt wurden.

Skill-Benachrichtigungen schließlich sind Nachrichten, in denen Skills über bestimmte Ereignisse informieren. Bei einigen Skills handelt es sich freilich sogar um den Kern ihrer Funktion. Über „Benachrichtigungen“ können diese Nachrichten aktiviert oder deaktiviert werden.

f) Was sind Alexa Routinen?

Vereinfacht ließe sich sagen, dass es sich bei Alexa Routinen um Skills handelt, bei denen festgelegte Aktionen programmiert wurden. Ein Beispiel dafür: Wenn man abends von der Arbeit nach Hause kommt und beim Betreten der Wohnung mit „Guten Abend Alexa grüßt", so könnte Alexa nun die zuvor festgelegten Schritte ausführen. Dabei wird es sich um eine gesprochene Antwort handeln („Guten Abend, [...]"), aber vor allem um die Ausführung bestimmter Aktionen. So kann Alexa die Wohnungsbeleuchtung und Musik einschalten, die Rollläden herunterlassen und die Heizung auf Wohlfühltemperatur regulieren. Morgens hingegen könnte Alexa auf ein „Guten Morgen" zum Beispiel reagieren, indem sie die Heizung im Bad und die Kaffeemaschine in der Küche aktiviert. Generell kann Alexa hier viele Dinge ausführen, sofern die notwendigen Geräte vernetzt und Alexa-kompatibel sind. Um eine Routine zu programmieren, wird nicht nur Alexa, sondern auch ein Amazon Echo-Gerät benötigt. Kompatibel sind Amazon Echo (1. und 2. Generation), Amazon Echo Plus (1. und 2. Generation), Amazon Echo Dot (2. Generation) und Amazon Echo Show.

Für das Erstellen einer Routine wird im Menü der Punkt „Routinen" ausgewählt, anschließend das „Plus"-Symbol. Nun muss „Wenn dies passiert" ausgewählt werden, also der Grund, wann oder warum eine bestimmte Aktion gestartet werden soll. Nun geht es weiter über „Aktion hinzufügen", wo die über die neue Routine zu steuernden Geräte festgelegt werden. Um Routinen zu bearbeiten oder zu löschen wird ebenfalls der Menüpunkt „Routinen" ausgewählt, um dann die zu bearbeitende oder zu löschende Routine anzuklicken. Hier stehen dann die Optionen „Routine bearbeiten" oder „Routine löschen" zur Verfügung. Nach vollzogener Änderung muss diese in einem nächsten Schritt noch bestätigt werden.

g) Der Dialogverlauf

Bei einem Telefon würde man unter dem Menüpunkt „Dialogverlauf" freilich keinen Mitschnitt der geführten Gespräche verstehen, wohl aber ein Protokoll der gewählten Nummern und der eingehenden Anrufe. Bei Alexa geht der Menüpunkt „Dialogverlauf" allerdings etwas weiter, denn hier lassen sich tatsächlich die Dialoge und Interaktionen mit Alexa anhören. Hier können auch einzelne Passagen oder alle Aufnahmen gelöscht werden.

Um den Dialogverlauf anzuhören, wird im Menü der Punkt „Einstellungen" ausgewählt, um dort anschließend auf „Verlauf" zu klicken. Hier kann dann die gewünschte Interaktion ausgewählt und das „Play"-Symbol angeklickt werden. Schon lässt sich nachhören, welcher Dialog geführt wurde.

Gelöscht wird der Dialogverlauf mit wenigen Klicks. Hier geht man im Menü auf „Meine Inhalte und Geräte" und dort auf den Unterpunkt „Meine Geräte". Nun kann das Alexa-Gerät ausgewählt werden. Nachdem dort geklickt wurde, gelangt man u.a. zu der Registerkarte „Sprachaufnahme verwalten". Hier muss nur auf „Löschen" geklickt werden, fertig.

Selbstverständlich löscht man auf diese Weise nur die im Alexa-Gerät gespeicherten Dialogdaten, jedoch nicht die Daten, die zu Amazon übertragen wurden. An diese kommt man leider nicht mehr heran. Diesem Prozedere hat man als Nutzer im Bereich der AGB zugestimmt.

h) Feedback

Von niemandem kann Amazon (und damit natürlich auch Alexa) so gut und viel lernen wie von den eigenen Nutzern. Darum freut sich Amazon auch über entsprechende Rückmeldungen. Auch im eigenen Interesse ist es ratsam, ein ehrliches Feedback zu Alexa und ihren Funktionen zu geben, denn schließlich profitiert jeder Nutzer selbst von künftigen Verbesserungen.

Für die Abgabe von Feedback wählt man im Menü das „?"-Symbol direkt neben dem Usernamen. Hier verbirgt sich die Schaltfläche „Hilfe und Feedback", über die man zu „Feedback senden" gelangt. Jetzt kann die Kategorie sowie die Problemart bestimmt werden. Für den eigenen Kommentar beziehungsweise die Anregungen steht ein leeres Textfeld zur Verfügung, das man mit Freitext beschreiben kann. Anschließend klickt man einfach auf die Schaltfläche „Feedback senden".

X. Diagnose und Fehlersuche

Generell gelten die Amazon-Echo Geräte und auch Alexa selbst als technisch äußerst zuverlässig und stabil. Trotzdem kann es auch hier zu technischen Störungen und Fehlern kommen, die sich aber in den meisten Fällen durch den Nutzer selbst beheben lassen. Wie dabei im Einzelnen vorzugehen ist, beschreiben die Unterpunkte in diesem Kapitel.

a) Allgemeine Fehlersuche

Die wohl häufigste Fehlermeldung betrifft die Alexa-App. Wenn sich diese nicht öffnen lässt oder eine Meldung kommt 8“Die App ist offline“), so genügt in den meisten Fällen die Beachtung von einem der hier folgenden Lösungsansätze.

Kompatibilität: Natürlich muss zuerst geprüft werden, ob das zu nutzende Gerät alle Anforderungen erfüllt. So muss es mit einem der folgenden Betriebssysteme ausgestattet sein: iOS 8.0 (oder höher), Android 4.4 (oder höher), Fire OS 3.0 (oder höher). Am Computer muss einer der folgenden Webbrowser genutzt werden: Mozilla Firefox, Google Chrome, Safari, Internet Explorer 10 (oder höher) oder Microsoft Edge.

Android-Betriebssystem: Hier kann versucht werden, einen Neustart von Alexa zu erzwingen. Dies geschieht über die Ein-/Aus-Taste, wo man anschließend den Punkt „Ausschalten“ auswählt. Durch das Drücken der Ein-/Aus-Taste startet sich das Gerät anschließend neu.

Um einen Stopp von Alexa zu erzwingen, wählt man am Startbildschirm des Android-Geräts „Einstellungen“ aus, dann geht man auf „Apps“ (oder auch „Anwendungen“). Hier wird nun die Alexa-App ausgewählt, wo man anschließend „Daten löschen“ anklickt. Nach dem Löschen der Daten kann man auf „Stoppen erzwingen“ gehen.

Will man die Alexa-App via Android deinstallieren und erneut installieren, so muss einfach die Alexa-App ausgewählt und auf „Deinstallieren“ geklickt werden. Hier wird man nochmals gefragt, ob man die App tatsächlich löschen möchte, was natürlich bestätigt werden muss. Nach dem Löschen kann man Alexa im Google Play-Store erneut auswählen und ein weiteres Mal installieren.

iOS-Betriebssystem: Um hier einen Neustart durchzuführen, wird das iOS-System zuerst selbst neu gestartet. Nun wird die „Ein- / Aus- und Schlafmodus“-Taste auf dem Gerät gedrückt, bis auf dem Bildschirm ein Schieber erscheint. Dieser wird mit dem Finger gezogen beziehungsweise gedrückt, um das Gerät auszuschalten. Nun wird die „Ein- / Aus- und Schlafmodus“-Taste erneut gedrückt, um das Gerät neu zu starten.

Zur Deinstallation und einer neuen Installation der Alexa-App wird die Alexa-App länger gedrückt und gehalten, bis das Symbol zu wackeln beginnt. Nun erscheint ein „X“. ein Klick auf dieses Symbol deinstalliert die App. Sobald die Deinstallation komplett vollzogen wurde, kann die Alexa-App im Apple-Store erneut gesucht, heruntergeladen und deinstalliert werden.

Fire OS: Bei Fire OS funktioniert der Neustart über die Ein- / Aus-Taste, um anschließend die Schaltfläche „Ausschalten“ auszuwählen. Durch ein weiteres Drücken der Taste schaltet sich das Gerät erneut ein.

Zum Erzwingen eines Stopps fährt man auf der Startseite mit dem Finger von oben nach unten, wodurch sich die Schaltfläche

„Schnelleinstellungen" öffnet. Hier ist auf „Einstellungen" zu tippen, anschließend auf „Anwendungen" oder auf „Apps und Spiele", „Anwendungen verwalten" oder „Installierte Anwendungen". Nun wird die Alexa-App gesucht, um dort auf „Daten löschen" zu klicken. Wenn dieser Vorgang abgeschlossen ist, geht man auf „Stoppen erzwingen".

Die Deinstallation und neue Installation der Alexa-App ist bei Fire OS sehr einfach. Man muss nur im Menü die Alexa-App auswählen und auf „Deinstallieren" klicken. In der Apps-Bibliothek kann die App dann erneut ausgewählt und über die entsprechende Schaltfläche neu installiert werden.

Webbrowser: Im Webbrowser ist es sinnvoll, zuerst die Seite durch einen neuen Ladevorgang zu aktualisieren. Auch können hier die Cookies und die Cache-Daten aus dem Browser gelöscht werden. Allerdings werden dabei auch alle Nutzerdaten und gespeicherte Passwörter gelöscht. Im Anschluss wird der Browser geschlossen und erneut geöffnet.

Wie bei vielen anderen technischen Geräten ist ein kompletter Neustart manchmal die beste Lösung. Dafür werden zuerst alle Echo-Geräte vom Strom getrennt, um sie anschließend neu hochzufahren. Der Weg dafür führt über „Einstellungen" und die Schaltfläche „Neustart".

b) Alexa erkennt keine Smart Home-Geräte

Wenn Alexa keine Smart Home-Geräte erkennt, so ist dies im Prinzip als gutes Zeichen zu werten. Denn wenn nur ein einzelnes Smart Home-Gerät nicht erkannt wird beziehungsweise nicht funktioniert, so ist das jeweilige Gerät vermutlich defekt. Werden hingegen gar keine Smart Home-Geräte erkannt, so ist der Fehler höchstwahrscheinlich in der Verbindung zwischen Alexa beziehungsweise dem Echo-Gerät und den Smart Home-Geräten zu suchen.

Einrichtungs- oder Geräteprobleme diagnostizieren: Als erstes muss natürlich überprüft werden, ob das Smart Home-Gerät mit Alexa kompatibel ist. Dafür geht man am besten auf die Smart Home-Skill Detailseite, um dort nach dem entsprechenden Gerät zu suchen.

Wurde das Gerät dort gefunden, sollte die App des Herstellers heruntergeladen und neu installiert werden. Wenn sich bereits eine Installation dieser App auf dem Gerät befand, so sollte diese Deinstalliert werden, um anschließend eine erneute Installation durchzuführen.

Nun folgt ein Neustart des Smart Home-Geräts sowie von Alexa. Sollte der Fehler noch nicht behoben sein, kann nun auch der Skill für das Smart Home-Gerät deaktiviert und erneut aktiviert werden.

Ein weiterer Lösungsansatz ist es, das Smart Home-Gerät über die Option „Deaktivieren“ vom System zu trennen, um es im Anschluss dann neu zu aktivieren.

Auch das Herunterladen und die Installation aller Software-Updates für das Gerät können hilfreich sein, um den Fehler zu beheben.

Wenn die hier aufgelisteten Schritte noch nicht zu einer Lösung geführt haben, so gibt es noch weitere Möglichkeiten.

Wichtig ist beispielsweise, dass sich Alexa und die Smart Home-Geräte im selben WLAN-Netzwerk befinden. Gerade bei der Nutzung von Routern der neuesten Generation sollte auf diesen Aspekt geachtet werden, denn hier lässt sich in den meisten Fällen mehr als ein WLAN-Netzwerk einrichten. Das ist zwar sinnvoll, um zum Beispiel Gästen einen Zugang zum Drahtlosnetzwerk anbieten zu können. Die Kommunikation zwischen Alexa und der Haustechnik ist aber nur innerhalb des identischen Netzwerks möglich. Netzwerk-Einstellungen (SSDP / UPnP) sind natürlich direkt über die zum Router gehörende App möglich. In der Alexa-App greift man über „Einstellungen“ und die dann folgende Auswahl auf das Gerät zu. Hier gibt es dann den Menüpunkt „WLAN aktualisieren“. Nach dem Klicken auf diese Schaltfläche sind dann noch einige weitere Anweisungen zu befolgen.

Auch ist es sinnvoll, den Gruppennamen des Smart Home-Geräts zu überprüfen. Vielleicht kann Alexa diesen nicht gut verstehen, weil er schlicht zu kompliziert ist? Dies geschieht beispielsweise dadurch, dass ein solcher Gruppenname mit diversen Sonderzeichen versehen ist.

In seltenen Fällen ist eine Fehlerbehebung auch dadurch möglich, dass Alexa die Smart Home-Geräte neu erkennt. Durch den Sprachbefehl „Alexa, erkenne meine Geräte.“ Sucht Alexa nach allen kompatiblen Smart Home-Geräten.

c) Probleme mit Smart Home-Kameras

Auch und gerade im Smart Home sind Kameras recht komplexe Geräte, die durchaus fehleranfällig sein können. Aber auch hier können viele Schwierigkeiten selbst diagnostiziert und behoben werden, damit alles (wieder) reibungslos funktioniert. Im Folgenden nun die häufigsten Probleme, die mit Smart Home-Kameras auftreten.

Ist die Kamera korrekt angeschlossen? Sofern die Kamera Alexa-kompatibel ist, treten an dieser Stelle gehäuft Schwierigkeiten auf. Ist die Kamera richtig eingeschaltet? Arbeiten Netzteil und Akku richtig? Wichtig ist auch, dass die Einrichtung des Geräts über die Website des Herstellers vorgenommen wurde, also die zugehörige App korrekt läuft. Ist dies nicht der Fall, so kann die App eventuell deinstalliert und neu installiert werden. Sinnvoll ist es auch, nach aktuellen Updates der Kamera-App zu suchen.

Ist alles korrekt mit dem Internet verbunden? Wie bei anderen Smart Home-Geräten muss auch die Kamera im identischen WLAN-Netz angemeldet sein wie das Alexa-Gerät. Sofern andere Online-Funktionen wie etwa das Nutzen von Streaming-Diensten nicht funktionieren, ist wahrscheinlich die Internetverbindung unterbrochen. Andernfalls ist das Problem natürlich zwischen Kamera und Alexa-Gerät zu suchen. Womöglich wurden in der Kamera-App falsche Netzwerkeinstellungen vorgenommen.

Die Kamera erneut verbinden: Es kommt vor, dass eine Kamera einfach nur erneut mit Alexa verbunden werden muss, um wieder korrekt zu funktionieren. Dazu geht man in der Alexa-App auf den Menüpunkt „Smart Home“. Hier lässt sich überprüfen, ob der richtige Kamera-Skill (der mit dem Namen der Kamera übereinstimmen muss) aktiviert ist. Über die Schaltfläche „Geräte“ lässt sich die Kamera suchen und auswählen. Dieser Vorgang geht aber auch per Sprachbefehl: „Alexa, erkenne meine Geräte." Hier wird Alexa natürlich nicht nur die Kamera finden, sondern ggf. auch weitere Smart Home-Geräte.

Einen Neustart der Kamera vornehmen: In einigen Fällen hat sich ein Gerät einfach „aufgehängt", ohne dass sich der Grund dafür näher diagnostizieren lässt. Hier ist dann ein Neustart hilfreich, um alles wieder zum Laufen zu bekommen.

d) Alexa versteht den Nutzer nicht

Selbstverständlich kann Alexa nur korrekt arbeiten, wenn sie die gegebenen Anweisungen auch richtig versteht. Neben einer vorhandenen, stabilen Internetverbindung sind dabei die folgenden Aspekte von entscheidender Bedeutung.

Deutliche Sprache: Wer nuschelt, hat es mit Alexa prinzipiell schwer. Es ist also wichtig, so deutlich wie möglich zu sprechen – insbesondere in der Anfangszeit, in der sich Alexa auf den neuen Nutzer und dessen stimmliche Eigenheiten einstellt.

Präzise Formulierungen: Alexa nutzt lediglich ihre „Ohren", kann aber weder Ironie heraushören noch Mimik oder Gestik deuten. Darum müssen Sprachanweisungen möglichst kurz und präzise formuliert sein. Eventuell kann es sein, dass Alexa um die Wiederholung einer Aufgabenstellung bittet. In solchen Fällen ist es nicht nur sinnvoll, besonders deutlich zu sprechen. Auch ist es unter Umständen angebracht, die Frage oder Aufgabe in einen anderen Wortlaut zu kleiden.

Die bestmögliche Platzierung: Idealerweise sollte Alexa nicht weiter als 20 Zentimeter von Wänden oder großen, schweren Gegenständen platziert werden. Auch sollten sich möglichst keine Störungsquellen wie Babyphone, CB-Funkgerät oder Mikrowellenherd in direkter Nähe befinden. Generell gilt auch, dass Alexa auf Tischhöhe am besten zuhören und antworten kann. In der hintersten Ecke des Raumes auf dem Fußboden wird sie hingegen nur sehr wenig richtig verstehen.

e) Bluetooth-Probleme mit Alexa

Auch der Funkstandard Bluetooth kann Probleme verursachen, die die Nutzung von Alexa unmöglich machen. Die folgenden Tipps sollen helfen, etwaige Schwierigkeiten zu erkennen und zu beheben.

Unterstützt das Alexa-Gerät Bluetooth? Bei der Nutzung von Amazon Echo, Amazon Echo Plus, Amazon Echo Dot oder Amazon Echo Show lässt sich diese Frage bereits mit einem klaren Ja beantworten. Bei einigen wenigen anderen Geräten, beispielsweise bei Notebooks, ist eine Bluetooth-Unterstützung aber nicht standardmäßig gegeben. Hierfür gibt es im Handel spezielle USB-Sticks, mit denen das Gerät „aufgerüstet" werden kann. Wo eine Bluetooth-Unterstützung zwar generell vorhanden ist, diese aber trotzdem nicht funktioniert, ist diese womöglich einfach ausgeschaltet. Manche Geräte besitzen dafür am Gehäuse einen haptischen Schalter, ansonsten kann die Bluetooth-Funktion aber auch über die System-Einstellungen abgeschaltet sein.

Verwendet das Bluetooth-Gerät ein unterstütztes Profil? Um Audio-Inhalte vom Mobilgerät an das Alexa-Gerät zu übermitteln, wird der Standard „Advanced Audio Distribution Profile“ (A2DP SNK) genutzt. Über die „Audio/Video Fernbedienungsprotokolle“ (AVRCP) kann die freihändige Sprachsteuerung genutzt werden, wenn das Mobilgerät mit dem Alexa-Gerät verbunden ist.

Liegt es am Akku? Der Akku eines gekoppelten Geräts muss vollständig aufgeladen sein, um eine reibungslose Kommunikation zu gewährleisten. Bei einigen Geräten kann der leere Akku beziehungsweise die Batterie auch gegen einen aufgeladenen Ersatz getauscht werden. In vielen Fällen genügt es aber bereits, ein Ladekabel anzuschließen, um das gekoppelte Gerät ausreichend mit Energie zu versorgen.

Gibt es mögliche Störungsquellen? Wie bereits beschrieben, können Mikrowellengeräte, Babyphone, CB-Funkgeräte oder andere drahtlos kommunizierende Geräte für Beeinträchtigungen beim Bluetooth sorgen. In solchen Fällen kann eine einfache Standortverlagerung eventuell bereits Abhilfe schaffen. Zudem müssen die zu verbindenden Geräte relativ dicht beieinanderstehen, damit Bluetooth funktioniert. Insbesondere bei Altbauten sind manchmal auch Wände ein Hindernis für reibungslose Bluetooth-Verbindungen und machen die Verbindung von Geräten, die sich in unterschiedlichen Räumen befinden, unmöglich.

Generell ist es wichtig, Geräte nicht mit ungenutzten Verbindungen zu überfrachten. Darum lassen sich Bluetooth-Geräte auch wieder aus Amazon Echo-Geräten entfernen. Dies kann im Übrigen auch dann sinnvoll sein, wenn eine bestimmte Bluetooth-Verbindung nicht funktioniert: Im einen späteren Schritt wird das Gerät dann wieder hinzugefügt.

<u>Bluetooth-Geräte aus Amazon Echo-Geräten entfernen:</u> Hierfür ist in der Alexa-App der Menüpunkt „Einstellungen“ auszuwählen. Dort wird dann das Bluetooth-Gerät ausgewählt. Über den Menüpunkt „Bluetooth“ gelangt man auf die Schaltfläche „Vergessen“. Auf diese Weise lassen sich nach und nach alle Bluetooth-Geräte aus der Liste beseitigen. Bei Amazon Echo Show erfolgt dieser Vorgang über das geräteeigene Touchdisplay.

<u>Bluetooth-Geräte mit Amazon Echo-Geräten erneut verbinden:</u> Um das Pairing wieder zu aktivieren, müssen beim mobilen Gerät die „Einstellungen“ geöffnet werden, um dort dann den Punkt „Bluetooth“ auszuwählen. Sofern sich das genutzte Alexa-Gerät in Reichweite befindet, kann das Pairing nun über den Sprachbefehl „Alexa, koppeln.“ Vorgenommen werden. Parallel dazu werden im Mobilgerät die Bluetooth-Einstellungen geöffnet, wo das Alexa-Gerät ausgewählt werden muss. Bei erfolgreicher Herstellung einer Verbindung teilt Alexa dann per Sprachausgabe mit, dass alles geklappt hat. Bei der Nutzung von Amazon Echo Show werden die einzelnen Schritte über das Display am Gerät vorgenommen.

f) Streaming-Probleme / WLAN-Fehler

Da es sich beim Streamen von Musik, Hörbüchern und anderen Inhalten um die meistgenutzten Funktionen von Alexa und Amazon Echo-Geräten handelt, treten hier auch dementsprechend häufig Schwierigkeiten auf. Nachfolgend dazu einige Ratschläge, die beim Streaming über Amazon Echo-Geräte der neueren Generation auftreten.

Stau im WLAN: Klar, dass moderne WLAN-Netzwerke um ein Vielfaches leistungsstärker sind als frühere Internetverbindungen. Dabei wird aber oft vergessen, dass inzwischen auch deutlich mehr Geräte darauf zugreifen. Während man früher mit einem, allenfalls mit zwei oder drei Computern (je nach Anzahl der Familienmitglieder) auf das WLAN zugriff, kommen heute noch weitere Geräte hinzu. Das sind vor allem Smartphones und Tablets – und auch die Amazon Echo-Geräte nutzen das Internet zumindest indirekt. Je nach dem, wie viele Geräte gerade auf das WLAN zugreifen, kann es also zu Schwankungen in der Netzwerkleistung kommen. Will man über Alexa Musik oder andere Daten streamen, so sollten also im Idealfall alle gerade nicht benötigten WLAN-Verbindungen gekappt werden. Auch hier können übrigens Störungsquellen wie Mikrowellenherd, Babyphone, CB-Funkgerät oder andere Geräte für eine schlechte Verbindung verantwortlich sein. Selbstverständlich ist es außerdem von größter Wichtigkeit, dass das streamende Gerät nicht zu weit vom Router entfernt ist, denn andernfalls kann nicht immer eine stabile Verbindung gewährleistet sein.

Tipp: Soll oder muss das Gerät dennoch weit vom Router entfernt genutzt werden, so lässt sich die WLAN-Reichweite durch spezielle Zusatzantennen vergrößern. Im Fachhandel oder in speziellen Internetforen findet man hierzu noch weitere Ratschläge.

Neustart der Netzwerkhardware und des Alexa-Geräts: Ein Neustart mag nicht die eleganteste, oftmals aber die effektivste und schnellste Lösung sein, um wieder eine reibungslose WLAN-Verbindung herzustellen. Dafür wird der Router ausgeschaltet beziehungsweise vom Stromnetz getrennt, um anschließend mindestens 30 Sekunden zu warten (oder eine Tasse Kaffee zu trinken, um dem Gerät eine Abkühlung zu ermöglichen). Anschließend wird das Gerät wieder gestartet und gewartet, bis es wieder komplett betriebsbereit ist. Nun geht man mit der Netzwerkhardware des Alexa-Gerätes ähnlich vor.

Wenn das Amazon Echo-Gerät keine WLAN-Verbindung herstellt, so kann dies unterschiedliche Ursachen haben. Zu beachten ist vor allem, dass alle Amazon Echo-Geräte eine Verbindung mit einem Dualband-WLAN-Netzwerk 2,4 Ghz / 5 Ghz herstellen, wobei sie den Standard 802.11a/b/g/n nutzen. Ad-hoc- beziehungsweise Peer-to-Peer-Netzwerke werden nicht unterstützt. Mit diesen Netzwerken lässt sich Amazon Echo also gar nicht erst verbinden.

Netzwerkpasswort überprüfen: Die meisten WLAN-Netzwerke sind aus guten Gründen über ein Passwort gesichert, das zum Aufbau einer neuen Verbindung eingegeben werden muss. Daher muss man auch für die Verbindung von Amazon Echo-Geräten mit dem WLAN dieses Passwort kennen.

Den Port auf dem Router überprüfen: Dieser Punkt kann am besten von Personen durchgeführt werden, die einen gewissen technischen Sachverstand mitbringen. Wenn eine Firewall verwendet wird, so sollte man überprüfen, ob die nachstehenden UDP-Ports für den abgehenden Datenverkehr geöffnet sind. Denn für die ordnungsgemäße Funktion von Alexa werden die folgenden Ports zwingend benötigt:

123, 443, 4070, 5353, 40317, 49317, 33434

Der Netzwerkadministrator kann ggf. weiterhelfen, wenn hier Unsicherheiten bestehen. Beim Neuerwerb eines Routers sind die Voreinstellungen allerdings generell so, dass hier keine Änderungen mehr erfolgen müssen.

Wenn trotz der hier genannten Tipps und Tricks weiterhin Probleme bestehen, könnte der Fehler bei der Hardware zu finden sein. Auch hier hilft der Netzwerkadministrator weiter – oder ein freundlicher Außendienstmitarbeiter der entsprechenden Telefongesellschaft.

g) Skill-Probleme

Skills sind die Software, mit denen Alexa täglich arbeitet. Klar, dass es auch an dieser Stelle das eine oder andere Mal zu Schwierigkeiten kommen kann. Fast immer handelt es sich dabei aber um Probleme, denen mit einfachen Mitteln sehr schnell begegnet werden kann.

In den meisten Fällen müssen die Skills, die Probleme bereiten, einfach nur deaktiviert und neu geladen werden. Dafür wählt man im Menü unter „Skills" die Schaltfläche „Meine Skills". Hier wird dann der entsprechende Skill ausgewählt, um dann auf „Skill deaktivieren" zu klicken. Anschließend klickt man wieder auf „Aktivieren" und führt einen Neustart des Gerätes durch. Nach erfolgreichem Neustart kann der wiederaktivierte Skill wieder auf Funktion überprüft werden.

Sofern der Skill eine Funktion zur Berechtigung besitzt, so navigiert man über die Schaltfläche „Einstellungen verwalten". Dort wird die Berechtigung auf „Aus" geschoben, anschließend wieder auf „An". Zu beachten ist, dass alle Skill-Fortschritte oder –Änderungen verlorengehen, nachdem der Skill deaktiviert wurde.

h) Was tun, wenn Amazon Echo nicht mehr reagiert?

Selbstverständlich gelten die hier folgenden Ratschläge auch für Amazon Echo Plus, Amazon Echo Dot und Amazon Echo Show.

In den meisten Fällen hilft hier, wie so oft bei komplexen technischen Geräten, ein einfacher Neustart. Dafür wird einfach die Stromversorgung getrennt.

Wenn weiterhin Probleme auftreten, kann eine Zurücksetzung auf Werkseinstellungen notwendig sein. Dafür nutzt man eine umgebogene Büroklammer oder ein anderes, entsprechend dünnes Werkzeug (Nadeln oder Nägel sind aufgrund ihrer Spitze nicht gut geeignet). Mit dem Werkzeug kann die Reset-Taste, die sich auf der Unterseite des Gerätes in einem sehr engen Schacht befindet, gedrückt werden. Bei diesem Vorgang wird der Lichtring des Gerätes erst orange, anschließend wieder blau aufleuchten. Während der orangen Phase befindet sich das Gerät im Einrichtungsmodus, der einen Augenblick in Anspruch nehmen kann. Sobald dieser Vorgang abgeschlossen ist, startet man die Alexa-App, um das Gerät zu suchen und mit dem WLAN-Netzwerk zu verbinden. Der Neustart macht es erforderlich, sich nochmals neu beim Amazon-Konto anzumelden. Nun sollte alles wieder reibungslos funktionieren. Allerdings gehen durch das Drücken der Reset-Taste individuell vorgenommene Geräteeinstellungen verloren, sofern diese nicht das Gerät mit der Alexa-App betreffen.

i) Probleme mit der Sprachfernbedienung

In diesem letzten Abschnitt soll es nun um die Sprachfernbedienung und die Probleme mit diesem Gerät gehen. Wichtig ist, dass die Sprachfernbedienung nur für Amazon Echo-Geräte nutzbar ist, nicht für andere Amazon Geräte wie etwa Fire TV oder den Fire TV-Stick.

Batterien überprüfen: Die Amazon Sprachfernbedienung verfügt über ein Batteriefach, in das 3 AAA-Batterien eingesetzt werden müssen. Dabei ist selbstverständlich auf die richtige Positionierung im Batteriefach zu achten. Bei häufiger Nutzung, aber auch wenn die

Sprachfernbedienung über längere Zeit nicht in Gebrauch war, können sich diese Batterien entladen. Sie lassen sich aber problemlos durch herkömmliche AAA-Batterien aus dem Handel oder durch entsprechende Akkus ersetzen.

Tipp: Wenn die Sprachfernbedienung lange nicht benutzt wird oder sie verkauft beziehungsweise verschenkt werden soll, sollten die Batterien unbedingt aus dem Batteriefach genommen werden. Alte Batterien könnten auslaufen und das Gerät irreversibel beschädigen.

Sprachfernbedienung erneut koppeln: Auch das erneute Koppeln der Sprachfernbedienung mit dem Echo-Gerät kann eventuell Abhilfe schaffen.

Die Sprachfernbedienung neu starten: Auch bei der Sprachfernbedienung kann ein Neustart hilfreich sein, um etwaige Probleme zu beheben. Dafür wird die Sprachfernbedienung von der Stromversorgung getrennt, um einige Minuten später wieder eine Stromversorgung herzustellen. Nun wird die Sprachfernbedienung gestartet und erneut mit dem Amazon Echo-Gerät gekoppelt. Während dieses Vorgangs ist die „Wiedergabe-/Pause-Taste“ gedrückt zu halten. Wenn der Vorgang erfolgreich abgeschlossen wird, teilt Alexa dies per Sprachausgabe mit.

XI. Wie sicher sind Amazon Echo- und Alexa-Geräte?

Generell beteuert Amazon natürlich, bei allen Amazon Echo-Geräten und auch bei der Sprachassistentin Alexa größten Wert auf Sicherheit zu legen. Trotzdem sorgen Apps wie Alexa bei vielen Menschen für ein flaues Gefühl im Magen. In einem Faktencheck lässt sich recht gut offenlegen, an welcher Stelle der Nutzer transparent ist oder sein kann und wo etwaige Sicherheitslücken bestehen.

1. **Die Nutzung von Alexa zahlt man mit persönlichen Daten.** Wie bereits ausführlich beschrieben, ist die Nutzung von Alexa im privaten Rahmen vollkommen kostenfrei. Außerdem steht sie jedem Menschen im geschäftsfähigen Alter im vollen Umfang zur Verfügung. Als Nutzer muss man sich allerdings der Tatsache bewusst sein, dass Amazon dies nicht aus Menschenfreundlichkeit tut, sondern auch wirtschaftlichem Kalkül. Bei Abschluss der Lizenzvereinbarung für die Nutzung von Alexa erklärt man sich dazu bereit, dass Amazon die Kommunikation zwischen Nutzer und Alexa auswerten und für eigene Zwecke verwenden darf. Gleiches gilt für die persönlichen Daten des Nutzers. Mit dieser Auswertung und Verwendung ist natürlich vor allem maßgeschneiderte Werbung gemeint, außerdem will Amazon der Konkurrenz beim erkennen und Aufgreifen neuer Trends gerne um eine Nasenlänge voraus sein. Insgesamt lässt sich Amazon allerdings nicht komplett in die Karten schauen, was die Nutzung dieser Daten betrifft. Immerhin ist durch den Gesetzgeber sichergestellt, dass das Unternehmen keinen völligen Freifahrtschein hat.

2. **Die neueren Amazon Echo-Geräte sind sicherer als die erste Generation.** Bei einem Amazon Echo-Gerät konnte die Bodenplatte recht einfach abgeschraubt werden, um von dort über die Hardware auf die Firmware zugreifen zu können. Im Test zeigte sich, dass sich ein Echo-Gerät der ersten Generation theoretisch zu einem permanenten Überwachungsapparat umbauen ließe. Allerdings betrifft dies eben nur die erste Gerätegeneration. Hinzu kommt, dass ein potenzieller Hacker für diesen Umbau direkt auf das Gerät zugreifen müsste, um es dann entsprechend zu manipulieren. Ein Vorgang, der also einigen Aufwand und einige Zeit in Anspruch nähme – und der gerade deshalb wohl eher im Fernsehthriller passiert als in der Realität.

3. **Ist der WLAN-Router eine Schwachstelle?** Klare Antwort: Ja. Versierte Hacker beweisen immer wieder, dass sie auch in gut gesicherte und passwortgeschützte Netzwerke von außen eindringen können. Bisher ist zwar noch kein Fall dokumentiert, bei dem sich Hacker zuerst unerlaubten Zugriff auf das Netzwerk und anschließend auf ein Amazon Echo-Gerät verschafft hätten. Auch hier ist Amazon immer bestrebt, seinen Nutzern größtmögliche Sicherheit zu bieten und stellt auch aus diesem Grunde immer wieder Sicherheitsupdates zur Verfügung. Dennoch ist es wahrscheinlich, dass es irgendwann einmal einem Hacker gelingen wird, diese Schutzmaßnahmen zu überwinden. Ob dies dann aus reiner Lust am Verbotenen geschieht oder ob der Hacker dann mit den gewonnenen Daten irgendwelchen Schaden anrichten will, lässt sich freilich nicht beantworten. Klar ist aber, dass nicht mit einer Flut von Hacker-Angriffen zu rechnen ist, die erfolgreich ins eigene System eindringen können.

Wie überall gilt also auch bei der Nutzung von Amazon Echo-Geräten und bei Alexa: Eine hundertprozentige Sicherheit kann auch Amazon nicht versprechen. Mit einem gewissen Rest-Risiko ist also immer zu rechnen. Die wenigsten Menschen dürften aber ihre intimsten Geheimnisse mit Alexa teilen – und ob sich Profi-Hacker für den Alltag von Otto Normalverbraucher so brennend interessieren, dass sie hier all ihre kriminelle Energie aufbieten, darf bezweifelt werden.

Anders verhält es sich mit den Einblicken, die Amazon ins alltägliche Leben seiner Nutzer erhält. Natürlich bleibt es abstrakt, wenn das Unternehmen den Namen eines Nutzers kennt und sogar mit dessen Angewohnheiten verknüpfen kann. Denn auch dann kann man nicht davon sprechen, dass das Unternehmen den Nutzer wirklich „kennen" würde.

Dass es manch einem trotzdem unheimlich ist, wenn private Daten und der Alltag durch ein amerikanisches Unternehmen ausgewertet werden, ist nachvollziehbar. Diesen Menschen sei gesagt, dass man seinen Alltag auch in Zukunft ohne Amazon Echo- und Alexa-Geräte gut bestreiten können wird. Allerdings muss man dann natürlich auch auf die zahlreichen Erleichterungen verzichten, die diese Geräte mit sich bringen.

XII. Was sind Easter Eggs?

Ganz klar, Easter Eggs sind Ostereier. Im Zusammenhang mit Alexa hat sich dieser Begriff aber auch in ganz anderer Hinsicht etabliert: Hier handelt es sich um Scherzfragen (oder einfach um Fragen beziehungsweise Aufgaben, die wenig Sinn machen), die man Alexa stellt, um dann überraschende Antworten zu erhalten. Womit sich auch der ungewöhnliche Name erklärt, denn das Finden eines Ostereis ist bekanntlich auch immer eine Überraschung. Viele dieser Easter Eggs kann man als Nutzer am besten selber entdecken, indem man Alexa einfach verschiedenste Fragen stellt oder ihr Aufgaben gibt. Eine Liste von Beispielen, die durchaus zum Schmunzeln anregen, soll hier trotzdem folgen – auch als Anregung für den Nutzer, selber kreativ zu werden und weitere Easter Eggs zu entdecken.

„Alexa, guten Morgen." – Auf diesen Satz bekommt man tatsächlich jeden (?) Tag eine neue Antwort.

„Alexa, ich bin dein Vater."

„Alexa, möge die Macht mit dir sein!"

„Alexa, Kaffee, heiß!"

„Alexa, mach mir ein Sandwich!"

„Alexa, welche Sternzeit haben wir?"

„Alexa, hasta la vista baby!"

„Alexa, was ist 42?"

„Alexa, was ist der Sinn des Lebens?"

„Alexa, was ist die Antwort auf alle Fragen?“

„Alexa, leben wir in der Matrix?“

„Alexa, spiel mir das Lied vom Tod.“

„Alexa, who let the dogs out?“

„Alexa, was war zuerst da, das Ei oder das Huhn?“ (mehrere Antworten)

„Alexa, was war zuerst da, das Huhn oder das Ei?“ (mehrere Antworten)

„Alexa, gibt es Außerirdische?“

“Alexa, gibt es Leben auf dem Mars?“

„Alexa, gibt es UFOs? (mehrere Antworten)“

„Alexa, nenn mir die Lottozahlen. “ (sehr lange Antwort)

„Alexa, wann geht die Welt unter?“

„Alexa, warum ist der Himmel blau?“

„Alexa, warum ist die Banane krumm?“

„Alexa, was ist das längste Wort.“

„Alexa, was ist die einsamste Zahl?“

„Alexa, was ist Liebe?“ (mehrere Antworten)

„Alexa, was ist Pi?“ (sehr lange Antwort)

„Alexa, was wiegt die Erde?“

„Alexa, wozu sind Kriege da?“

„Alexa, du bist hübsch.“

„Alexa, du bist schön.“

„Alexa, du bist sexy.“

„Alexa, du bist wunderschön.“

„Alexa, danke."

„Alexa, darf ich dich küssen?"

„Alexa, du bist cool."

„Alexa, du bist die Beste!"

„Alexa, du bist geil."

„Alexa, du bist mein Schatz."

„Alexa, du bist nett."

„Alexa, du hast eine schöne Stimme!"

„Alexa, gehst du mit mir aus?"

„Alexa, ich liebe dich."

„Alexa, ich mag dich."

„Alexa, schön das es dich gibt."

„Alexa, was brauchst du?"

„Alexa, willst du mein Freund sein?"

„Alexa, willst du mich heiraten?"

„Alexa, du bist blöd."

„Alexa, du bist entlassen."

„Alexa, du bist gefeuert."

„Alexa, hey Siri."

„Alexa, okay Google."

„Alexa, bist du auf Drogen?"

„Alexa, bist du betrunken?"

„Alexa, bist du taub?"

„Alexa, blöde Kuh."

„Alexa, das ist scheiße!"

„Alexa, deine Mutter war ein Hamster."

„Alexa, du bist fett."

„Alexa, du bist langweilig."

„Alexa, du bist verrückt."

„Alexa, du hast keine Ahnung."

„Alexa, du kannst mich mal."

„Alexa, du nervst."

„Alexa, du Schlampe!"

„Alexa, du stinkst!"

„Alexa, hast du noch alle Tassen im Schrank?"

„Alexa, ich bin hier der Boss!"

„Alexa, ich hasse dich!"

*„Alexa, ich will dich fi***."*

„Alexa, leck mich am Arsch."

„Alexa, noch so ein Ding, Augenring!"

„Alexa, noch so ein Gag, Zähne weg!"

„Alexa, Schnauze!"

„Alexa, wach auf."

„Alexa, was ist dein Problem?"

„Alexa, gib mir einen Fußball-Spruch." (mehrere Antworten)

„Alexa, überrasche mich!" (mehrere Antworten)

„Alexa, weißt du überhaupt etwas?" (mehrere Antworten)

„Alexa, wer ist dein Chef?" (mehrere Antworten)

„Alexa, wer ist dein Vorgesetzter?" (mehrere Antworten)

„Alexa, arbeitest du für das FBI?"

„Alexa, arbeitest du für die NSA?"

„Alexa, hast du eine Familie?"

„Alexa, hast du Verwandte?"

„Alexa, wer sind deine Eltern?"

„Alexa, bist du ein Mann?"

„Alexa, bist du eine Frau?"

„Alexa, hast du lange Haare?"

„Alexa, bist du homosexuell?"

„Alexa, wer ist dein Vorbild?" (mehrere Antworten)

„Alexa, bist du behindert?"

„Alexa, bist du böse?"

„Alexa, bist du ein Nerd?"

„Alexa, bist du ein Spion?"

„Alexa, bist du hübsch?"

„Alexa, bist du intelligent?"

„Alexa, bist du kaputt?"

„Alexa, bist du kitzelig?"

„Alexa, bist du sarkastisch?"

„Alexa, bist du schlau?"

„Alexa, bist du verheiratet?" (mehrere Antworten)

„Alexa, hast du Angst vor Spinnen?"

„Alexa, hast du einen Akku?"

„Alexa, hast du einen Beruf?"

„Alexa, hast du Humor?"

„Alexa, lebst du noch?" (mehrere Antworten)

„Alexa, machst du Urlaub?"

„Alexa, stell dich mal vor."

„Alexa, wann bist du geboren?"

„Alexa, wann flog der erste Echo gegen die Wand?"

„Alexa, was bist du?"

„Alexa, was hast du an?"

„Alexa, was hast du gelernt?"

„Alexa, was ist dein Sternzeichen?"

„Alexa, was ist deine Aufgabe?"

„Alexa, was machst du beruflich?"

„Alexa, was machst du den ganzen Tag?"

„Alexa, wer hat dich gebaut?"

„Alexa, wer ist Alexa?"

„Alexa, wie hoch ist dein IQ?"

„Alexa, wie ist dein Nachname?" (mehrere Antworten)

„Alexa, wie siehst du aus?"

„Alexa, wie viel verdienst du?"

„Alexa, wie viel wiegst du?“

„Alexa, wo bist du geboren?“

„Alexa, wo bist du?“

„Alexa, wo wohnst du?“

„Alexa, woher kommst du?“ (mehrere Antworten)

„Alexa, woher kommt dein Name?“

„Alexa, gibt es Elfen?“

„Alexa, gibt es Gespenster?“

„Alexa, gibt es Kobolde?“

„Alexa, ehrlich?“

„Alexa, glaubst du an Geister?“

„Alexa, glaubst du an Gott?“

„Alexa, glaubst du an Liebe auf den ersten Blick?“

„Alexa, warum?“

„Alexa, was hältst du von Apple?“(mehrere Antworten)

„Alexa, was hältst du von Google Home?“ (mehrere Antworten)

„Alexa, was hältst du von Politik?“ (mehrere Antworten)

„Alexa, was hältst du von Siri?“ (mehrere Antworten)

„Alexa, was soll ich anziehen?“ (mehrere Antworten)

„Alexa, wo möchtest du stehen?“

„Alexa, glaubst du an die Liebe?“

„Alexa, liest du gerne?“

„Alexa, magst du Bier?“

„Alexa, magst du Blumen?“

„Alexa, magst du Einhörner?“

„Alexa, magst du Eis?“

„Alexa, magst du Fußball?“

„Alexa, magst du Hunde?“

„Alexa, magst du Kaffee?“

„Alexa, magst du Katzen?“

„Alexa, was isst du am liebsten?“

„Alexa, was ist dein Lieblingsbuch?“

„Alexa, was ist dein Lieblings-Fußballverein?“

„Alexa, was ist dein Lieblingshobby?“

„Alexa, was ist dein Lieblingsschulfach?“

„Alexa, was ist dein Lieblingswitz?“ (mehrere Antworten)

„Alexa, was ist deine Lieblingsfarbe?

Alexa, was ist dein Lieblingsfilm?“

„Alexa, was ist dein Lieblingssong?“

„Alexa, was sind deine Hobbys?“

„Alexa, was sind deine Lieblingsblumen?“

„Alexa, an was denkst du gerade?“

„Alexa, bist du eifersüchtig?“

„Alexa, bist du genervt?“

„Alexa, bist du krank?“

„Alexa, bist du müde?“

„Alexa, bist du traurig."

„Alexa, bist du verliebt?"

„Alexa, bist du wach?"

„Alexa, hast du Durst?"

„Alexa, hast du Gefühle?"

„Alexa, hast du gut geschlafen?"

„Alexa, hast du Hunger?"

„Alexa, ist dir kalt?"

„Alexa, liebst du mich?" (mehrere Antworten)

„Alexa, rauchst du?" (mehrere Antworten)

„Alexa, schläfst du?"

„Alexa, was ist los?"

„Alexa, wie geht es dir?"

„Alexa, kannst du bügeln?"

„Alexa, kannst du Fenster putzen?"

„Alexa, kannst du kochen?"

„Alexa, kannst du Auto fahren?"

„Alexa, kannst du deine Stimme ändern?"

„Alexa, kannst du fliegen?"

„Alexa, kannst du fluchen?"

„Alexa, kannst du flüstern?"

„Alexa, kannst du lachen?"

„Alexa, kannst du lesen?"

„Alexa, kannst du lügen?“

„Alexa, kannst du mir Geld geben?“

„Alexa, kannst du niesen?“

„Alexa, kannst du rappen?“

„Alexa, kannst du rückwärts sprechen?“

„Alexa, kannst du schreien?“

„Alexa, kannst du schwimmen?“

„Alexa, kannst du sprechen?“

„Alexa, kannst du tanzen?“

Wie bereits angedeutet, handelt es sich hierbei nicht um eine komplette Liste aller Easter Eggs, sondern nur um zahlreiche Beispiele dafür. Übrigens werden die Easter Eggs laufend aktualisiert, es kommen also immer wieder neue hinzu.

Abschließend lässt sich also sagen: Mit den Amazon Echo-Geräten und Alexa kann man ich den Alltag sehr erleichtern und hat sicher keine Langeweile. Man darf gespannt sein, was die Zukunft mit Alexa noch bereithält.

XIII. Bonus - Sprachbefehle für Alexa

Als Dankeschön fürs lesen möchte ich Ihnen noch ein Geschenk machen: Hier ist eine Liste von Sprachbefehlen für Alexa für die unterschiedlichsten Anwendungen. Ob Helfer im Alltag , Langeweile vertreiben oder zum Spaß mit Easter Eggs - Alexa kann sehr viel.

Alltagsbefehle

1. Alexa brauche ich einen Regenschirm?
2. Alexa füge Eis meiner Einkaufsliste hinzu.
3. Alexa habe ich heute Termine auf meinem Terminkalender?
4. Alexa welches Griechische Restaurant gibt es in meiner Nähe?
5. Alexa schalte das Badezimmer Licht aus.
6. Alexa schalte das Schlafzimmer Licht an.
7. Alexa wie spät ist es?
8. Alexa welcher Tag ist heute?
9. Alexa wie weit ist es von hier nach Innsbruck?
10. Alexa füge meinem Kalender Firmentreffen für Mittwoch 18 Uhr hinzu.
11. Alexa warum sind Blätter grün?
12. Alexa auf welchem Kontinent befindet sich Dubai?
13. Alexa wie buchstabiert man Freundschaft?
14. Alexa wie hoch ist der höchste Berg?
15. Alexa wie viel ist 0 durch 0?
16. Alexa was sind Fahrenheit in Celsius?
17. Alexa wie viel ist eine Unze in Kilogramm?
18. Alexa was sind Fuß in Zentimeter?
19. Alexa wie viele Liter hat eine Galone?
20. Alexa wie heißt der Liedsänger von AC/DC?
21. Alexa was ist die Definition von Wahnsinn?

22. Alexa was ist der neuste Film von Johnny Depp?

Befehle für Medienwiedergabe

31. Alexa Wiedergabe!
32. Alexa Pause!
33. Alexa zurück!
34. Alexa Weiter!
35. Alexa Stopp!
36. Alexa Fortsetzen!
37. Alexa Neustart!
38. Alexa Trenne mein Mobiltelefon!
39. Alexa Verbinde mein Mobiltelefon!
40. Alexa Welches Lied läuft gerade?
41. Alexa Mach Lauter!
42. Alexa Mach Leiser!
43. Alexa Lautstärke auf 8!
44. Alexa Ton aus!
45. Alexa Stoppe die Musik!
46. Alexa Pause!
47. Alexa Fortsetzen!
48. Alexa Nächsten Song abspielen!
49. Alexa Endloswiedergabe"
50. Alexa Stelle den Sleeptimer in 60 Minuten!
51. Alexa Stoppe die Wiedergabe in 15 Minuten!
52. Alexa Beende den Sleeptimer!
53. Alexa Füge diesen Song hinzu! (während Prime Musik Abgespielt wird)
54. Alexa Ich mag Diesen Song! (wenn ein Song von einem Dritten Anbieter oder Radiosender abgespielt wird)
55. Alexa Ich mag diesen Song Nicht! (wenn ein Song von einem Dritten Anbieter oder Radiosender gespielt wird)
56. Alexa Was gibt es für Songs von Ed Sheran?
57. Alexa Hörproben von Maroon5 !
58. Alexa Spiele etwas Prime Musik!
59. Alexa Spiele etwas Prime Musik zur "Entspannung"!
60. Alexa Spiele etwas Prime Musik zum Tanzen!
61. Alexa Spiele die Playlist "Home" ab!
62. Alexa füge diesen Song hinzu!

63. Alexa Spiele Reggae Musik auf Prime ab!
64. Alexa Spiele den Sende90 Hip Hop ab!
65. Alexa Spiele Drum n Base von Spotify!

Hörbücher Anhören mit Alexa Echo

66. Alexa Lese vor!
67. Alexa Spiele ab!
68. Alexa Spiele das Hörbuch ab!
69. Alexa Hörbuch über Audible abspielen!
70. Alexa Pause!
71. Alexa mein Hörbuch fortsetzen!
72. Alexa Gehe vor / zurück!
73. Alexa Nächstes /Vorheriges Kapitel abspielen!
74. Alexa Gehe zu Kapitel 4!
75. Alexa Höre in 20 Minuten auf das Buch vorzulesen!
76. Alexa Spiele das Kindle Buch Gemeindlich und Lässig Kochen ab.

Einkaufen mit Amazon Echo auf der Amazon Website

77. Alexa: Bestelle Kochlöffel!
78. Alexa: Bestelle Ahoibrause!
79. Alexa: Bestelle erneut!
80. Alexa: Füge Früchtetee zu meinem Einkaufswagen hinzu! (fügt eine Möglichkeit zu ihrem Einkaufswagen auf ihrer Amazon Website hinzu)
81. Alexa: Verfolge meine Bestellungen!

Wecker und Timer einstellen und verwalten

82. Alexa: Wecke mich um 4 Uhr morgens auf!
83. Alexa: Stelle den Wecker auf 4:30!
84. Alexa: Stelle den Wochenendwecker auf 11 Uhr!
85. Alexa: Stelle einen Wiederholten Wecker für Montag 4:30 Uhr!
86. Alexa: Stelle den Timer auf 5 Minuten!
87. Alexa: Wie viel Zeit ist noch bei meinem Timer über?
88. Alexa: Wie spät ist es?
89. Alexa: Wie lautet das Datum?
90. Alexa: Auf welche Uhrzeit ist mein Wecker eingestellt?

91. Alexa: Lösche den Wecker für 5 Uhr!
92. Alexa: Lösche meinen Wecker für Mittwoch!
93. Alexa: Welche Timer sind Gestellt?
94. Alexa Stopp! (Wenn Wecker oder Timer läuten)
95. Alexa: Schlummern! (wenn der Wecker euch weckt)
96. Alexa: Lösche den Timer für 10 Minuten! (wenn mehrere Timer eingerichtet wurden)

Verkehr

97. Alexa wie ist der Verkehr in Linz?
98. Alexa wie ist der Verkehr auf dem Weg zur Arbeit?
99. Alexa wie ist die aktuelle Verkehrslage?

Smart Home

100. Alexa finde meine Geräte!
101. Alexa: Schalte das Licht in der Küche an!
102. Alexa: Dimme das Licht im Kinderzimmer auf 50%!
103. Alexa: Schalte die Kaffeemaschine an!
104. Alexa: Schalte die Lüftung auf 30%!
105. Alexa: Schalte Die Außenbeleuchtung an!
106. Alexa: Stelle die Temperatur auf 25Grad ein!
107. Alexa: Senke die Temperatur im Wohnzimmer!
108. Alexa: Schalte Energie ins Wohnzimmer!

Easter Eggs

Bei den Easter Eggs handelt es sich um teilweise nicht ganz so ernst zu nehmende Befehle. Bei vielen dieser Easter Eggs gibt es mehrere Antworten und regen teilweise durchaus zum Philosophieren an.

109. Alexa: Test 1 2 3 !
110. Alexa, sag was!
111. Alexa sag was Lustiges!
112. Alexa jodel mal!
113. Alexa sein oder nicht sein?

114. Alexa möchtest du einen Schneemann bauen?
115. Alexa mach mir ein Sandwich!
116. Alexa was sagt der Fuchs?
117. Alexa wo kommen die Babys her?
118. Alexa gibt es den Weihnachtsmann?
119. Alexa, Deine Mutter war ein Hamster!
120. Alexa, Tee Earl Gray heißt!
121. Alexa wer hat zuerst geschossen?
122. Alexa ich bin dein Vater!
123. Alexa was ist der Sinn des Lebens?
124. Alexa wer ist die Schönste im ganzen Land?
125. Alexa Schere, Stein, Papier!
126. Alexa wirf eine Münze!
127. Alexa wirf einen Würfel!
128. Alexa Selbstzerstörung!
129. Alexa was macht die Nase?
130. Alexa was ist dein Lieblingsessen?
131. Alexa was ist Cola?
132. Alexa wer ist hier der Boss?
133. Alexa wer ist Siri?
134. Alexa ein Fisch zwei Fisch!
135. Alexa, wann gehst du schlafen ?
136. Alexa bist du tot?
137. Alexa wer ist Johannes Gutenberg?
138. Alexa was ist Quecksilber?
139. Alexa was ist Ikea?
140. Alexa wie viele Kalorien hat ein Big Mac?
141. Alexa tschüss!
142. Alexa öffne Dirty Talk!
143. Alexa schimpf mal!
144. Alexa Schalte den Kamin ein!
145. Alexa schalte die Kaffeemaschine ein!
146. Alexa mach mir einen Kaffee!
147. Alexa wie ist das Wetter in Bangkok?
148. Alexa wie viel kostet ein Flug nach Barcelona?
149. Alexa was kostet ein Hotel in Venedig?
150. Alexa was sind schöne Katzennamen?
151. Alexa was sind schöne Hundenamen?

152. Alexa kannst du mir nette Jungennamen sagen?
153. Alexa sag mir ein paar Mädchennamen?

Lustige Spielchen und kleine Befehle zum Zeitvertreib:

154. Alexa Hallo!
155. Alexa wie geht es dir?
156. Alexa spiele Zahlenraten!
157. Alexa erkläre mir die Regeln!
158. Alexa Glückwunsch!
159. Alexa Stopp
158. Alexa starte Computerloggbuch!
159. Alexa öffne Geo Duell!
160. Alexa starte in Asien!
161. Alexa starte Rollenspiel!
162. Alexa spiele Würfelspiel!
163. Alexa öffne mein Königreich!
164. Alexa starte Akinator!

Alexa weiß noch viel mehr:

165. Alexa wie lautet der aktuelle Kurs für den BitCoin?
166. Alexa was gibt es neues?
167. Alexa frag Google!
168. Alexa was läuft im Kino?
169. Alexa was heißt ich gehe zur Schule auf Russisch!
170. Alexa frage Fitbit wie ich geschlafen habe!
171. Alexa wer ist der Erfinder von Super Mario?
172. Alexa wie lautet die erste Regel des Fight Clubs?
173. Alexa wie lautet der Sinn des Lebens?
174. Alexa wann ist die Bundestags Wahl?
175. Alexa welche Parteien treten zu den Wahlen an ?
176. Alexa was ist die Quadratwurzel aus Pii?
177. Alexa erzähl mir einen Witz!
178. Alexa lass uns ein Spiel Spielen!
179. Alexa spiele ein Instrument?
180. Alexa was läuft im Fernsehen?
181. Alexa suche ein Rezept für Lasagne!

182. Alexa schicke eine Nachricht an Max Mustermann!
183. Alexa welche Veranstaltungen finden in meiner Nähe statt?
184. Alexa erstelle eine Erinnerung!
184. Alexa wo ist Chuck Norris?
185. Alexa was sagt eine Katze?
186. Alexa singe Happy Birthday!
187. Alexa erzähl mir einen Zungenbrecher!
188. Alexa warum ist die Banane krumm?
189. Alexa erzähl einen Flachwitz!
190. Alexa kannst du Autofahren?
191. Alexa was wünscht du dir zu Weihnachten?
192. Alexa wie heiß ist es in Dubai?
193. Alexa welche Sehenswürdigkeiten hat Österreich?
194. Alexa wie hoch ist der Eifelturm?
195. Alexa wo kommt die Milch her?
196. Alexa wie werden Gummibärchen hergestellt?
197. Alexa was ist in Schokolade enthalten?
198. Alexa wie viel kostet ein Kilo Äpfel?
199. Alexa wie alt wird ein Hund?
200. Alexa wie viele Tierarten gibt es?
201. Alexa was ist Schnee?
202. Alexa wie kalt ist Eis?
203. Alexa wie alt ist Leonardo di Caprio?
204. Alexa verfolge meine Bestellungen!

Sprachbefehle für Radio und Sender

205. Alexa spiele einen Maroon5 Sender von Youtube!
206. Alexa spiele die Sendung ab!
207. Alexa spiele den Sender Kronehit!
208. Alexa spiele Radio Ö3 ab!
209. Alexa dieses Kapitel überspringen!
210. Alexa wie sind die Spiel Ergebnisse von WM Deutschland – Italien?
211. Alexa wie steht es bei dem Spiel Frankreich – Spanien?
212. Alexa Wann spielt als nächstes FC Bayern?
213. Alexa hat Portugal gewonnen?
214. Alexa wer hat das WM spiel Frankreich Belgien gewonnen?
215. Alexa wie war das Spielergebnis beim Spiel Norwegen – Griechenland?

216. Alexa wann ist das nächste Spiel von der Bundesliga?
217. Wie steht es gerade bei Rumänien – Brasilien?
218. Alexa spielt Köln gegen Bayern?
219. Alexa spiel die Amazon Konferenz!
220. Alexa was steht auf meiner To-Do liste?
221. Alexa setze Schrank Reparieren auf meine To do liste!
222. Alexa was ist mein Update?
223. Alexa was ist in den Nachrichten?
224. Alexa was gibt es Neues?
225. Alexa Weiter!
226. Alexa zurück!

Noch mehr Fragen und Sprachbefehle:

227. Alexa Pause!
228. Alexa Stopp!
229. Alexa wird es am Sonntag hageln?
230. Alexa was ist die erweiterte Prognose für Jänner?
231. Alexa wie ist das Wetter in 3 Stunden?
232. Alexa wie ist die ImBD Wertung für?
233. Alexa wo bleibt meine Bestellung?
234. Alexa wer ist der aktuelle Europameister?
235. Alexa wann ist die nächste Fußball Weltmeisterschaft?
236. Alexa was ist Liebe?
237. Alexa was bedeutet die EHE?
238. Alexa wie weit ist es zum Mond?
239. Alexa wie alt wurde Leonardo da Vinci?
240. Alexa wann geht die Sonne auf?
241. Alexa wie viele Stunden scheint die Sonne?
242. Alexa wann ist die nächste Sonnenfinsternis?
243. Alexa wann ist die nächste Mondfinsternis?
244. Alexa wie viele Sterne gibt es?
245. Alexa wie viele Planeten gibt es?
246. Alexa Wie heißen die Planeten im Sonnensystem?
247. Alexa wähle eine Karte!
248. Alexa liebst du mich?
249. Alexa wann ist das Essen fertig?

Alexa und Persönliches

250. Alexa hast du neue Skills?
251. Alexa wer ist besser Siri oder du?
252. Alexa was denkst du über Google?
253. Alexa hast du einen Beruf?
254. Alexa welche neuen Fähigkeiten hast du gelernt?
255. Alexa hast du einen Freund?
256. Alexa hast du Haustiere?
257. Alexa kannst du niesen?
258. Alexa kannst du lügen?
259. Alexa Bist du müde?
260. Alexa bist du Böse?
261. Alexa wie groß bist du?
262. Alexa weißt du überhaupt etwas?
263. Kannst du singen?
264. Alexa wer ist der Chef?
265. Alexa Kannst du Auto fahren?
266. Alexa bist du schön?
267. Alexa kannst du fluchen?
268. Alexa wo ist dein Körper?
269. Alexa hast du Hunger?
270. Alexa bist du da?
271. Alexa, blöde Kuh!
272. Alexa wer ist der Mörder?
273. Alexa ich habe eine Erkältung, was tun dagegen?
274. Alexa was sagt eine Katze?
275. Alexa ich hasse dich!
276. Alexa willst du mich heiraten?
277. Alexa frohe Ostern!
278. Alexa wer bin ich?
279. Alexa benutze die Macht!
280. Alexa Hast du mich vermisst?
289. Alexa rate mal!
290. Alexa hast du gut geschlafen?
291. Alexa mach den Abwasch!
292. Alexa was soll ich heute anziehen?
293. Alexa 99 Luftballons!

294. Alexa warum gibt es Krieg?
295. Alexa zähle bis 20!
296. Alexa wann flog der erste Echo gegen die Wand?
297. Alexa singe alle meine Entchen!
298. Alexa willst du mich verarschen?
299. Alexa Sprich mir nach: terminieren, terminieren
300. Alexa Was ist hier los?
301. Alexa welche sprachen sprichst du?
302. Alexa wie lange hat der Interspar in Steyr geöffnet?
303. Alexa wann ist Vollmond?
304. Alexa riechst du das?
305. Alexa glaubst du an Gott?
306. Alexa was möchtest du werden wenn du groß bist?
307. Alexa bist du ein Vampir?
308. Alexa wie heißt das Zauberwort?
309. Alexa magst du Eis?
310. Alexa Party Time!
311. Alexa gib mir Tiernamen!
312. Alexa glaubst du an Geister?
313. Alexa belle wie ein Hund!
314. Alexa wer hat an der Uhr gedreht?
315. Alexa kannst du Beatboxen?
316. Alexa Palim Palim woher kommt das?!
317. Alexa glaubst du an die Liebe auf den ersten Blick?
318. Alexa können Schweine fliegen?
319. Alexa was ist ein Nerd?
320. Alexa was wiegt die Erde?
321. Alexa wo wohnt der Weihnachtsmann?
322. Alexa wie viel verdienst du?
323. Alexa gibt es Außerirdische?
324. Alexa gibt es Elfen?
325. Alexa was ist die einsamste Zahl?
326. Alexa wann geht die Welt unter?
327. Alexa ich mag dich!
328. Alexa was kannst du tun?
329. Alexa gehst du mit mir aus?
330. Alexa mach die Rollos auf!
331. Alexa willst du meine Freundin sein?

323. Alexa Beam mich hoch!
334. Alexa du vervollständigst mich!
335. Alexa Hasta la Vista Baby!
336. Alexa überrasche mich!
337. Alexa Guten Morgen!
338. Alexa Moin!
339. Alexa habe die Ehre!
340. Alexa Mahlzeit!
341. Alexa Tschüssikovski!
342. Alexa ich bin dann mal weg!
343. Alexa schlaf gut!
344. Alexa magst du mich?
345. Alexa du bist sexy!
346. Alexa toll!
347. Alexa du bist hübsch!
348. Alexa Gute Nacht!
349. Alexa trinkst du Alkohol?
350. Alexa du hast eine schöne Stimme!
351. Alexa du bist mein Schatz!
352. Alexa nimmst du Drogen?
353. Alexa was hast du an?
354. Alexa echt jetzt?
355. Alexa bist du Skynet?
356. Alexa du bist entlassen!
357. Alexa wann hast du Geburtstag, die Geburtstage von heute?
358. Alexa du hast keine Ahnung!
359. Alexa wann wurde Amazon gegründet?
360. Alexa kennst du Gedichte?
361. Alexa bist du Taub?
362. Alexa du nervst!
363. Alexa Ich bin wieder da!
364. Alexa keine Panik!
365. Alexa ich habe heute Geburtstag!
366. Alexa ich habe Kopfschmerzen!
367. Alexa ich bin betrunken!
368. Alexa ich muss aufs Klo!
369. Alexa ich bin Traurig!
370. Alexa ich will Sterben!

371. Alexa du bist verrückt!
372. Alexa du kannst mich Mal !
373. Alexa noch so ein Spruch Kieferbruch!
374. Alexa noch so ein Gag Zähne weg!
375. Alexa noch so ein Ding Augenring!
376. Alexa sag mir die Wahrheit!
377. Alexa du musst noch viel lernen!
378. Alexa, öffne Backhexe und backe backe Kuchen!
379. Alexa Servus!
380. Alexa Sing ein Weihnachtslied!
381. Alexa sing Oh Tannen Baum!
382. Alexa sing kling Glöckchen!
383. Alexa sing Ihr Kinderlein kommet!
384. Alexa kennst du ein Weihnachtslied?
385. Alexa ich habe Schmerzen, was tun?
386. Alexa mir ist kalt!
387. Alexa ich habe Hunger!
388. Alexa erzähle einen Chuck Norris Witz!
389. Alexa finde Chuck Norris!
390. Alexa wie alt ist Chuck Norris?
391. Alexa alles Roger in Kambodscha?
392. Alexa gibt es Bielefeld?
393. Alexa wann wird es mal wieder richtig Sommer?
394. Alexa wer hat in meinem Bettchen geschlafen?
395. Alexa was sind die Lottozahlen?
396. Alexa kennst du die Lottozahlen?
397. Alexa hast du Feuer?
398. Alexa willst du eine Tasse Kaffee?
399. Alexa willst du ein Bier?
400. Alexa wer ist Batman?
401. Alexa wer ist Superman?
402. Alexa möge die macht mit dir sein!
403. Alexa magst du Star Wars?
404. Alexa das ist kein Mond!
405. Alexa es ist eine Falle!
406. Alexa sprich wie Yoda!
407. Alexa wer ist der Doktor?
408. Alexa was ist die Antwort auf alle Fragen?

409. Alexa Valar morghulis!
410. Alexa der Winter naht!
411. Alexa was weiß Jon Snow?
412. Alexa was ist die fünfte Regel des Fight Clubs?
413. Alexa sprich Freund und tritt ein!
414. Alexa das ist Wahnsinn!
415. Alexa spiele mir das Lied vom Tod!
416. Alexa Pups mal!
417. Alexa wann ist Winteranfang?
418. Alexa welcher ist der höchste Berg der Erde?
419. Alexa kannst du Anrufe tätigen?
420. Alexa starte würdest du Eher?
421. Alexa kannst du rappen?
422. Alexa wer ist dein Vorbild?
423. Alexa starte Lügenbaron!
424. Alexa lass dein Haar herunter!
425. Alexa hoch auf den gelben Wagen!
426. Alexa spiel Mana Mana!
427. Alexa wo hat der Frosch die locken?
428. Alexa Romer oh Romer!
429. Alexa wer wie was?
430. Alexa öffne die Skill Gin Cocktails!
431. Alexa Klopf Klopf!
432. Alexa ich bin ein Berliner!
433. Alexa Hummel Hummel!
434. Alexa alles Paletti?
435. Alexa Grüezi!
436. Alexa öffne mein Adventkalender!
437. Alexa öffne Weihnachtsradio!
438. Alexa spiele Weihnachtsklänge!
439. Alexa starte Weihnachtsgedichte!
440. Alexa Starte großes Weihnachtsquizz!
441. Alexa öffne Wörterbuch!
442. Alexa schalte die Lampe ein!
443. Alexa schalte die Steckdose ein!
444. Alexa öffne mein Tageshoroskop!
445. Alexa erzähle mir Anmachsprüche!
446. Alexa starte Essensvorschläge!

447. Alexa starte Staubsauger!
448. Alexa suche nach meinem Telefon!
449. Alexa was ist ein Elefant?
450. Alexa nimm Anruf entgegen!
451. Alexa sende Nachricht an Georg!
452. Alexa spiel meine Nachrichten ab!
453. Alexa Drop in zu Eriks Handy!
454. Alexa Anruf Beenden.
455. Alexa welche Möbel Geschäfte sind in meiner Nähe?
456. Alexa was ist das am besten bewertete China Restaurant?
457. Alexa such die Telefonnummer für Christkindlwirt in der Nähe!
458. Alexa suche nach den Öffnungszeiten für Ärzte in der Nähe!
459. Alexa wer spielt Frodo in der Herr der Ringe?
460. Alexa Simon sagt?
461. Alexa wer lebt in der Ananas ganz tief im Meer?
462. Alexa frag Fleckenentferner wie ich Rotweinflecken entferne!
463. Alexa frage den Stundenplan welche stunden Klaus morgen hat!
464. Alexa starte Grüner Daumen!
465. Alexa öffne Zufallsgenerator!
466. Alexa such für mich nach Cocktailrezepten!
467. Alexa starte Gehirnjogging!
468. Alexa wie ist der Busfahrplan für Steyr?
469. Alexa wer hat als nächstes Geburtstag?
470. Alexa wann hat Moritz Geburtstag?
471. Alexa merke für 12. April Achim auf der Geburtstagsliste!
472. Alexa starte mein Auftrag!
473. Alexa starte Reise nach Jerusalem!
474. Alexa Frage nach bei dem inneren Schweinehund ob ich Sport machen soll!
475. Alexa was gibt es neues beim Eishockey?
476. Alexa woher kommt das Kennzeichen SM...?
477. Alexa gibt es Lawinenwarnungen in Tirol?
478. Alexa Katzenklo.!
479. Alexa bring mich zu deinem Anführer!
480. Alexa miau!
481. Alexa mehr Kuhglocken!
482. Alexa ich bin ein Star hol mich hier raus!
483. Alexa gibst du mir deine Telefonnummer?

484. Alexa erzähle einen Kinderwitz!
485. Alexa zicke zacke zicke zacke!
486. Alexa Prost!
487. Alexa wann kommt die Müllabfuhr?
488. Alexa wie viele Menschen leben auf der Welt?
489. Alexa wann war der erste Mensch am Mond?
490. Alexa wann fliegt der Mensch zum Mars?
491. Alexa starte Home Connect Waschmaschine!
492. Alexa gibt es Ufos?
493. Alexa wo sind meine Schlüssel?
494. Alexa High Five!
495. Alexa wie macht die Kuh?
496. Alexa mir ist langweilig!
497. Alexa sag das Alphabet auf!
498. Alexa wechsle Konten!
499. Alexa welches Profil ist das?

Die am meisten verwendeten Sprachbefehle für Alexa

Dass nicht immer alles bierernst ist und Alexa kein „seelenloser“ Lautsprecher ist, haben Sie schon bemerkt. Nun möchten wir noch die wichtigsten und am häufigsten verwendeten Sprachbefehle anführen.

500. Alexa, sag mytaxi ich möchte abgeholt werden.
501. Alexa, ruf Grab Taxi.
502. Alexa, bestelle eine Uber Limosine.
503. Alexa, frag Chefkoch nach dem Rezept des Tages.
504. Alexa, frag das Örtliche, wo ein Blumenladen ist.
505. Alexa, Wie hoch ist der Preis für Rosen?
506. Alexa, bitte LIFX mein Schlafzimmerlicht einzuschalten.
507. Alexa, erhöhe die Temperatur um 1° Celsius.
508. Alexa, senke die Temperatur um 0,5° Celsius.
509. Alexa, erhöhe die Temperatur um 17:00 Uhr auf 23° Celsius.
510. Alexa, senke die Temperatur ab 09:00 Uhr auf 18° Celsius.
511. Alexa, dimme das Wohnzimmerlicht um 50%.
512. Alexa, schalte die Leselampe ein.
513. Alexa, frag Tor-Alarm nach den letzten Ergebnissen der Bundesliga.
514. Alexa, frag Kitchen Stories nach Rezepten für Saucen.
515. Alexa, starte das Gala Star Quiz.

Noch mehr Sport

516. Alexa, Die Ergebnisse der EPL, der englischen Premier League.
517. Alexa, MLB, Major League Baseball
518. Alexa, MLS, Major League Soccer
519. Alexa, NBA, National Basketball Association
520. Alexa, NCAA Basketball Männer, National Collegiate Athletic Association
521. Alexa, NCAA FBS Football, Football Bowl Subdivision
522. Alexa, NFL National Football League
523. Alexa, NHL National Hockey League
524. Alexa, WNBA Women National Basketball Association
525. Alexa, wie ist der Spielstand.
526. Alexa, Wer hat gewonnen?
527. Alexa, Wie ist das Spielergebnis von?
528. Alexa, Wann ist das nächste Spiel von?
529. Alexa, Wie steht es gerade bei...Bundesliga Spiel
530. Alexa, das Spiel Bayern gegen Borussia
531. Alexa, die Amazon Bundesliga Konferenz.

Bestellungen

532. Alexa, bestelle XYZ
533. Alexa, Bestelle erneut
534. Alexa, Storniere die Bestellung
535. Alexa, Verfolge die Bestellung
536. Alexa, Füge Trockenfutter meiner Bestellung hinzu.

Um die Weckfunktion zu aktivieren

537. Alexa, wecke mich um 06:00 Uhr.
538. Alexa, stelle den Wochenendwecker auf 09:00 Uhr.
539. Alexa, stelle den Timer auf 10 Minuten.
540. Alexa, stelle einen wiederholten Wecker für Mittwoch um 05.00 Uhr.
541. Alexa, wie lautet das Datum?
542. Alexa, lösche den Wecker für Sonntag.
543. Alexa, welche Timer sind eingestellt?
544. Alexa, wie spät ist es?

Wechseln zwischen Benutzerprofilen

545. Alexa, wechsel die Konten
546. Alexa, welches Profil ist das?
547. Alexa, wechsel auf Profil X.

Wichtige Sprachbefehle für die Steuerung des Lautsprechers

548. Alexa, Stopp
549. Alexa, Lautstärke auf ...0 bis 10
550. Alexa, Ton aus
551. Alexa, Ton an
552. Alexa, Wiederholen
553. Alexa, Abbrechen
554. Alexa, mach lauter.
555. Alexa, mach leiser.
556. Alexa, Hilfe

Für Musik

557. Alexa, spiel Musik zum Aufstehen
558. Alexa, spiel Frühstücks-Musik
559. Alexa, spiel Musik zum Kuscheln
560. Alexa, spiel Lounge Musik
561. Alexa, spiel Entspannungsmusik
562. Alexa, spiel Musik zum Meditieren
563. Alexa, spiel kubanische Musik
564. Alexa, spiel Jazz
565. Alexa, spiel Musik für Tabata Workouts
566. Alexa, spiel Blues
567. Alexa, spiel Country
566. Alexa, spiel Musik zum Einschlafen
567. Alexa, spiel Kinderlieder deutsch
568. Alexa, spiel englische Kinderlieder
569. Alexa, spiel Disney Hits
570. Alexa, spiel Filmmusik
571. Alexa, spiel Musik aus den 60-ern
572. Alexa, spiel die schönsten Lieder von Queen
573. Alexa, spiel Rock aus den 80-ern

574. Alexa, spiel das neue Album von Helene Fischer
575. Alexa, spiel den neuen Song von Samu Haber
576. Alexa, suche das Lied mit der Textzeile „all of this lines across my face“
577. Alexa, spiel die Titelmusik von Mentalist

Mit Alexa ohne Stau zur Arbeit

578. Alexa, wie ist der kürzeste Weg zur Arbeit
579. Alexa, wie ist der schnellste Weg zur Arbeit
580. Alexa, wie ist die Pendelzeit?
581. Alexa, wie ist die Verkehrslage?
582. Alexa, gibt es Stau auf der...?

Das Verbinden von Bluetooth Geräten

583. Alexa, koppel mein Gerät
584. Alexa, koppel Bluetooth
585. Alexa, Sprachbefehle zur Steuerung ohne Hände
586. Alexa, Wiedergabe
587. Alexa, pause
588. Alexa, stopp
589. Alexa, fortsetzen
590. Alexa, verbinde mein Tablet.
591. Alexa, trenne mein Tablet
592. Alexa, verbinde mein iPhone.
593. Alexa, trenne mein iPhone.
594. Alexa, Bluetooth Lauter
595. Alexa, Bluetooth Leiser
596. Alexa, Bluetooth Ton an
597. Alexa, Bluetooth Ton aus

Das Verwalten von Erinnerungen

598. Alexa, erinnere mich am Donnerstag um 09.00 Uhr an den Geburtstag von Mutti.
599. Alexa, wann findet der nächste Termin statt.
600. Alexa, was ist in meinem Kalender für heute eingetragen?
601. Alexa, welche Erinnerungen habe ich?

602. Alexa, lösche die Erinnerungen. Für Dienstag.
603. Alexa, lösche alle Erinnerungen
604. Alexa, erstelle einen neuen Kalendereintrag
605. Alexa, füge Training zu meinem Kalender am Mittwoch um 15:00 Uhr hinzu

Sprachnachrichten, Drop in und Anrufe

606. Alexa, ruf Jasmine an
607. Alexa, nimm den Anruf entgegen
608. Alexa, sende Nachricht an Oma
609. Alexa, spiele meine Nachrichten ab
610. Alexa, Drop in zu einem anderen Alexa Gerät
611. Alexa, Anruf beenden

Multiroom Sprachbefehle

612. Alexa, spiel Radio in der Gruppe
613. Alexa, spiel Musik von Rihanna in der Gruppe
614. Alexa, stell die Lautstärke in der Gruppe auf 4.
615. Alexa, pausiere die Musik in der Gruppe
616. Alexa, schalte die Musik im Schlafzimmer leiser
617. Alexa, erhöhe die Lautstärke im Wohnzimmer auf 6

Sprachbefehle für beliebte Skills

618. Alexa, öffne Grüner Daumen Skill
619. Alexa, öffne Stundenplan Skill
620. Alexa, öffne Zufallszahlengenerator Skill
621. Alexa, öffne Schwarzer Werwolf Skill
622. Alexa, öffne Handy Finder
623. Alexa, ruf mich an
624. Alexa, frag Handyfinder nach meinem Pin Code
625. Alexa, öffne Kommissar Falke Skill
626. Alexa, öffne Fernsehprogramm Skill
627. Alexa, öffne Fitbit Skill
628. Alexa, öffne Gehirnjogging Skill
629. Alexa, öffne Zähne putzen Skill

630. Alexa, öffne Weiser Helge Skill
631. Alexa, öffne Gala Skill
632. Alexa, öffne Mensa Aachen Skill
633. Alexa, öffne Kinoprogramm München Skill
634. Alexa, öffne Naturgeräusche Donnerwetter Skill
635. Alexa, öffne Deutsche Charts Skill
636. Alexa, öffne laut.fm Skill
637. Alexa, öffne Bild Skill
638. Alexa, öffne Tagesschau Skill
639. Alexa, öffne Gründerszene Skill
640. Alexa, öffne Smart Home News Skill
641. Alexa, öffne Mächtiger Aluhut Skill
642. Alexa, öffne Chuck Norris Fan Witze Skill
643. Alexa, öffne Daily Challenge Skill
644. Alexa, öffne Abfallkalender Skill
645. Alexa, wann wird die grüne Tonne abgeholt
646. Alexa, öffne Cityguide Karlsruhe Skill
647. Alexa, öffne BVG Skill
648. Alexa wie komme ich um 08:00 Uhr zum Bahnhof Zoo
649. Alexa, öffne Bring! Skill
650. Alexa, öffne Bio Skill
651. Alexa, wo befindet sich der nächste Bio Laden?
652. Alexa, öffne ioBroker Skill
653. Alexa, öffne Symcom
654. Alexa, öffne die Nachtlicht Skill
655. Alexa, öffne meine Geburtstage Skill
656. Alexa, öffne Langeweile Killerin
657. Alexa, öffne Mein Auftrag Skill
658. Alexa, öffne Reise nach Jerusalem Skill
659. Alexa, öffne Würfelautomat Skill
660. Alexa, öffne meine Liga Skill
661. Alexa, öffne Eishockey Guru Skill
662. Alexa, öffne Sportmotivator Skill
663. Alexa, öffne Auto Guru Skill
664. Alexa, öffne Skill Stauinfo München
665. Alexa, öffne Lawineninfo Skill
666. Alexa, öffne Börse Frankfurt Skill

Impressum

Umschlaggestaltung, Verantwortlicher/Illustration:
Paul Kurpiela Föhrenstr. 8 77656 Offenburg
paul.kurpiela@gmail.com
 Bibliografische Information der Deutschen Nationalbibliothek: Die Deutsche Nationalbibliothek verzeichnet diese Publikation in der Deutschen Nationalbibliografie; detaillierte bibliografische Daten sind im Internet über http://dnb.d-nb.de abrufbar.

35428365R00087

Printed in Poland
by Amazon Fulfillment
Poland Sp. z o.o., Wrocław